善心做人
凡心做事

比起他们来，我们"心无挂碍"，吃得舒心，睡得踏实；
我们用自己的双手和汗水改善自己的生活，
我们力所能及的帮助别人，
同时享受别人的关爱，我们堂堂正正行走在天地间，无忧无虑地享受着清新的阳光。
难道这不是幸福？

[善心是对人生的奖赏 凡心是
获得幸福的源泉]

孙郡锴／编著

中国华侨出版社

图书在版编目（CIP）数据

善心做人 凡心做事/孙郡锴编著. —北京：中国华侨出版社，2009.4
　ISBN 978-7-80222-870-2

Ⅰ. 善… Ⅱ. 孙… Ⅲ. 个人—修养—通俗读物 Ⅳ. B825-49

中国版本图书馆 CIP 数据核字（2009）第 028410 号

● **善心做人 凡心做事**

编　　著/	孙郡锴
责任编辑/	文　喆
封面设计/	纸衣裳书装
责任校对/	钱志刚
经　　销/	新华书店
开　　本/	710×1000 毫米　1/16　印张 16　字数 260 千字
印　　刷/	北京一鑫印务有限责任公司
版　　次/	2009 年 5 月第 1 版　2019 年 8 月第 2 次印刷
书　　号/	ISBN 978-7-80222-870-2
定　　价/	32.00 元

中国华侨出版社　北京朝阳区静安里 26 号通成达大厦 3 层　邮编 100028
法律顾问：陈鹰律师事务所
编辑部：（010）64443056　　64443979
发行部：（010）64443051　　传真：64439708
网　　址：http://www.oveaschin.com
e-mail：oveaschin@sina.com

前言 PREFACE >>

在很久以前，曾看到过一个小故事，多少年过去了，依然深受其感动：

一个小男孩，从他有了意识的那一刻起，他的爸爸妈妈就通过各种方式教导他去做一个善良稳重、品格高尚的人。从幼儿园到小学，爸爸妈妈经常问的几句话就是：今天有没有帮助其他的小朋友？今天有没有给别人添麻烦？今天有没有自食其力地做好自己的事？

随着小男孩的一天天长大，他也开始有了迷惑。因为身边总会有一些孩子自私自利，甚至损人利己，他们娇生惯养，自己的事情总要别人代劳，对身边需要帮助的人漠不关心。时间长了，小男孩开始怀疑爸爸妈妈的话是否正确。

于是，他不止一次地问：

"妈妈，为什么一定要做一个善良的人？"

"爸爸，帮助别人真的是最明智的选择吗？"

开始的时候，爸爸妈妈也找不出更好的答案，就对他说：

"善良的人才能赢得他人的尊重。"

"正直的人问心无愧。"

"好人才能得到上帝的奖赏。"

……

小男孩听后对"上帝的奖赏"最感兴趣："上帝会给好人什么样的奖赏呢？"爸爸妈妈不想骗孩子，可是又找不到更好的答案，只能敷衍了事："总有一天上帝会亲自告诉你的。"

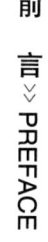

直到有一天，爸爸妈妈和当地一位很有威望的神职人员聊天，他们探讨了小男孩的问题，神职人员沉思了一下，说："其实，从你们做好人的那一刻起，上帝已经把最珍贵的礼物送给了你们——善良，是的，能做一个善良的人，踏踏实实、顶天立地地过一生，这就是上帝赐予你们的最好的奖赏。"

爸爸妈妈听后茅塞顿开，他们不仅很好地解决了孩子心中的疑问，更重要的是，他们真正地理解了人生的真谛——做一个善良的人，本身就是一件无比幸福的事，还有什么比这件事更让人欣慰？

这个小故事发生在一个西方国家，文化背景可以有差异，但是善良的本质是没有国籍之分的，不管在哪里，那些安分守己的好人都是幸福的。

如果用我们传统的东方文化也可以很好地诠释这一层含义。

比如，我们常说："不做亏心事，不怕鬼敲门"，"好人一生平安"，"好人有好报"，"不求事事如意，但求问心无愧"，"堂堂正正做人，踏踏实实做事"，等等。这些经常挂在嘴边的谚语，你有没有细细品过它们的含义？想想那些偷鸡摸狗、损人利己的龌龊小人吧，他们整日提心吊胆、战战兢兢，良心尚未完全泯灭的还要遭受精神上的折磨，他们吃不好睡不香，时常被噩梦惊醒。外面虽然阳光普照，可他们的世界却灰暗肮脏。比起他们来，我们"心无挂碍"，吃得舒心，睡得踏实；我们用自己的双手和汗水改善自己的生活，我们不贪不占，勤劳朴实，力所能及地帮助别人，同时享受别人的关爱，我们堂堂正正行走在天地间，无忧无虑地享受着清新的阳光。难道这不是幸福？

当然，就像上面的小故事中那个小男孩遇到的困惑一样，我们也承认，不和谐的音符总是存在的。

总有些没有爱心的人对身边见义勇为、助人为乐的行为嗤之以鼻；总有些奸商骂守法经营的老实人"傻帽"；总有些贪官视两袖清风的人为迂腐；总有些无情冷漠、心胸狭隘的人不懂得宽容，对别人的劳动果实和成就肆意践踏，缺乏应有的尊重……对于这些"脑残"人士，我们能说什么呢？由他去吧！用一颗善心做人，以一颗凡心做事，踏踏实实过此生，就算我"傻帽"又怎样？我对得起天地良心，我幸福，我快乐，这就足够了。

目录 CONTENTS>>

第一章　与人为善　好人一生平安

　　无论做人还是做事，与人为善都是一个最基本的出发点。而可悲的是，在这个急功近利浮躁不堪的时代，有一些人竟然错把善良当作迂腐和犯傻。这些人自以为聪明，其实是身在苦中不知苦。所谓"苦海无边，回头是岸"，让我们做一个善良的人，这是我们做人的底线。因为好人一生平安，因为善良这种品质正是上天给我们的最珍贵的奖赏。

以无所求之心培养善心善行 …………………………………… 2
善良是一缕最美丽的人性光辉 ………………………………… 3
点一盏照亮心灵的灯 …………………………………………… 5
爱这世间一切生命 ……………………………………………… 7
善恶无大小 ……………………………………………………… 10
善恶到头终有报 ………………………………………………… 12
一视同仁度世人 ………………………………………………… 13
施予是真正的慈善 ……………………………………………… 15
给予是通往天堂的唯一路径 …………………………………… 17
用慈悲的心做慈悲的事 ………………………………………… 20

第二章　净化心灵　清清爽爽一生

好人不是装出来的，一个真正善良的、受人尊敬的人首先要有一颗纤尘不染的心。外面的环境可以藏污纳垢，但我们的内心不能同流合污。心静则明白事理，心净则无愧己心。轻轻松松、清清爽爽的好人，先从净化自己的内心开始。

莫让洁净的心灵蒙尘 ……………………………………… 24
任心清净 …………………………………………………… 26
忏悔是净化心灵的力量 …………………………………… 28
天然去雕饰，结果自然成 ………………………………… 31
尊重自己的本性 …………………………………………… 33
幸福因恶习而远去 ………………………………………… 35
用心体会生活的快乐 ……………………………………… 37
别人不是我们的镜子 ……………………………………… 40
心中空明人自明 …………………………………………… 42
拂去心头的妄念 …………………………………………… 44
心无挂碍，日日都是好时节 ……………………………… 46

第三章　无怒无敌　好脾气好人生

嗔怒，对人有百害而无一利，首先它对人的生理有伤害，现代医学证明：生气会导致人的血压非正常升高，燃烧筋骨里的脂肪，致使排泄困难。其次，嗔怒，难免也会对别人造成伤害，这种伤害一旦形成将很难消除，时间久了，容易到处树敌，使自己处于孤立的状态。无论何时何地,以平常心泰然处之,遇事不嗔不怒,体谅他人,善待自己。做人做事如能达到这种境界,你就能在俗世的纷纷扰扰中体味到人生幸福的真谛。

平常心是道 ……………………………………………… 50
天堂与地狱 ……………………………………………… 51
善意的微笑 ……………………………………………… 53
心定则事定 ……………………………………………… 55
从小事中磨炼心性 ……………………………………… 57
常行一直心 ……………………………………………… 59
"摩诃"的力量 …………………………………………… 62
宁起百千贪心,不起一嗔恚 …………………………… 63
荣辱面前看修养 ………………………………………… 66
好以口快斗,是后皆无安 ……………………………… 68

第四章 善待他人 诚心换来真心

你怎样对待别人,别人就会怎样对待你,这是一条人际交往上的黄金定律。只有用你的诚心才能换来别人的真心,这是广结善缘的白金法则。宽容别人,别人就会宽容你;给对方留下台阶,对方便会给你留下台阶,甚至搭桥铺路;给竞争对手留条退路,对手也会给你留条退路。又是一个善因和善果的关系。不管怎样,不管走到哪里,做个好人,是永远不会吃亏的。

宽容是一种美 …………………………………………… 72
善意地对待他人的不足和缺点 ………………………… 74
宽恕别人得益的是自己 ………………………………… 77
有容人之量才可成就大业 ……………………………… 79

容天下难容之事 ……………………………………	82
何必在小事上计较 ……………………………………	85
严于律己，宽以待人 …………………………………	87
不满人家，是苦了自己 ………………………………	89
不要固执地否定他人 …………………………………	91
毁谤他人就是挖自己的墙根 …………………………	93
学会宽恕而不是怨愤 …………………………………	95
赞美别人，就是肯定自己 ……………………………	97
吝啬的人，别人对他也会吝啬 ………………………	100

第五章　情义无价　把爱撒向人间

在佛学讲义中，经常会提到"善根"这个概念。在这里我们不必深入地探讨它在佛学中的深奥定义，通俗地讲，善根就是善良的"根"，就是我们心中的爱。没有爱的人是不会起闪念的人，更没有资格做好人。天地之间有真爱，爱你身边的人，你的爱人，你的亲人，让他们幸福，你就是个好人。

真心真意爱一回 ………………………………………	104
用爱赢得永恒 …………………………………………	105
爱是一条流动的河 ……………………………………	106
放爱一条生路 …………………………………………	107
心与心的共鸣 …………………………………………	108
随爱"远行" …………………………………………	109
沉默之中有大爱 ………………………………………	111
让爱的细节里多些理解 ………………………………	113
管得太多不是爱 ………………………………………	115
夫妻之间要有空间 ……………………………………	118
长相知，不相疑 ………………………………………	119

家庭的幸福是忍让出来的 …………………………………… 120
不痴不聋,不做阿翁 …………………………………………… 122
糊涂婆媳,互相宽容 …………………………………………… 124
在孩子心里种下爱的种子 …………………………………… 125
善待穷亲戚 ……………………………………………………… 127
远亲不如近邻 …………………………………………………… 128

第六章　清白做人　不贪不占是福

　　钱是万恶的根源,这话虽然过于绝对,但也不是没有道理。有些人守不住自己良心道德的底线,不择手段地捞取不义之财,有了钱更是忘乎所以恣意妄为,结果要么深陷大狱失去自由,要么穷得只剩下钱,没有亲情关怀,孤苦伶仃一生。这样的例子太多了,这些人迷失了自己善良博爱的心,误解了幸福的含义。不义之财不贪,不是自己的不占,利人利己,知足常乐,这才是真正的福。

知足即是福 ……………………………………………………… 132
满足欲望的快乐永远是虚妄的 ……………………………… 134
幸福与穷富无关 ………………………………………………… 136
淡化利欲之心,方能得到一切 ……………………………… 138
积聚金钱并不是最重要的事情 ……………………………… 140
内心的富足才是真正的快乐 ………………………………… 142
简单地活着 ……………………………………………………… 144
不要落入财富的陷阱 ………………………………………… 146
超脱尘世物欲的牵绊 ………………………………………… 148
无财何尝不是福 ………………………………………………… 151
钱因人而有罪 …………………………………………………… 153
欲望太多才是真的贫穷 ……………………………………… 155
在金钱面前保持清醒 ………………………………………… 157

贪婪使人成为金钱的奴隶 ………………………………………… 158

第七章　凡事随缘　得失何必强求

　　潮涨潮落,阴晴圆缺;成败得失,悲欢离合。世间万事万物自有其自身的发展规律,许多时候并不是人力所能转移的,如果你固执于此,岂不是自己给自己添堵?"深信高禅知此意　闲行闲坐任荣枯",看看这是一种多么洒脱的境界,做人做事当能及此一二,人生必是另一番皆大欢喜的大好局面。

任运随缘身心无缚 …………………………………………… 162
"求不得"源于"放不下" ………………………………………… 164
勇于接受无常的人生 ………………………………………… 167
淡然而从容地面对生死 ……………………………………… 169
人生要随缘而定 ……………………………………………… 172
聚散离合皆是缘 ……………………………………………… 174
不要期待完美的爱情 ………………………………………… 175
不因得到和失去而或喜或悲 ………………………………… 178
生活的两面 …………………………………………………… 180
不要为错过了的怀有遗憾 …………………………………… 183
何必盯着成功不放 …………………………………………… 186

第八章　踏实做人　心态决定命运

　　心比天高的人往往命比纸薄，欲速则不达，越是浮躁离成功就越远。人生的道路没有什么捷径可走，唯有脚踏实地，不断地思考，不断地虚心学习。用一颗平凡的心去做平凡的事，而结果却可以收获一段不平凡的人生旅程。

活着为了一个过程 …………………………………… 190
怎能混混沌沌混一世 ………………………………… 192
以一颗虚心去走脚下实实在在的路 ………………… 195
人生所有的成就都来自于真才实学 ………………… 198
从现实出发　走一条适合自己的路 ………………… 199
以勤作桨让人生之船远航 …………………………… 202
珍惜活着的每一秒 …………………………………… 204
光阴不等人　重要的是立即行动 …………………… 206
纸上得来终觉浅，绝知此事要躬行 ………………… 209
说一丈，不如行一尺 ………………………………… 212
成就来自于专注 ……………………………………… 214
欲速则不达 …………………………………………… 217
有心人，无难事 ……………………………………… 219

第九章　聚敛善财　经商诚信为本

　　善恶一念，神魔一体。钱就是这么个东西。不义之财不贪不占，并不代表善良的人都跟钱有仇，相反，好人更有权利和资格去过物质充裕的好日子。只要心中有善念，通过合法经营，聚敛善

财，那么，作为一个好人，你挣再多的钱也不为过。事实也证明，善良的人经商更能挣大钱，这也正好体现了老天对好人的偏爱。

讲求诚信，仁义经商 ………………………………………… 222
守义者"而富且贵" ………………………………………… 224
赚取钱财要问心 …………………………………………… 227
诚实不欺是立业之本 ……………………………………… 228
信誉是不变的承诺 ………………………………………… 229
社会责任感比利润更重要 ………………………………… 232
乐于做善事也是一种生意经 ……………………………… 235
达则兼济天下 ……………………………………………… 237
"善心"就是财富之源 ……………………………………… 242

第一章

与人为善
好人一生平安

无论做人还是做事,与人为善都是一个最基本的出发点。而可悲的是,在这个急功近利浮躁不堪的时代,有一些人竟然错把善良当作迂腐和犯傻。这些人自以为聪明,其实是身在苦中不知苦。所谓"苦海无边,回头是岸",让我们做一个善良的人,这是我们做人的底线。因为好人一生平安,因为善良这种品质正是上天给我们的最珍贵的奖赏。

以无所求之心培养善心善行

人之善恶，犹如人之生死，是与生俱来的。

赫拉克利特说："神就是生命和死亡；夏天和冬天；饥饿和饱足；善和恶。它一直都是两者，神就是真实的存在。"

我们每个人的本来，没有恶也没有善。善恶是孪生兄弟，是互相对立而成立的。当我们弃绝了恶时，恶的对立面善也就不复成立了。

倡导善良，只是为了让我们以最小的成本进行生活；以恶相报自然是恶恶相报成本陡然增大。奉行善心善行，其实是减少人生成本，让我们好过一些，这并非就是真理本身。

所以，禅要求我们超越于善恶这种分别心之上，直接明白我们心灵的真实情况，如此才是契入禅机的要点。

六祖慧能辞别了五祖，开始向南奔去。过了两个半月，到达大庾岭。后面追来了数百人，欲夺衣钵。有一名叫慧明的僧人，出家前是四品将军，性情粗暴，极力寻找六祖，他抢在众人前面，赶上了六祖。

六祖不得已，将衣钵放在石头上，说："这衣钵是传法的信物，怎么能凭武力来抢呢？"然后隐藏在草莽中。

慧明赶来拿，却无论如何也拿不动法衣。于是他大声喊道："行者，行者，我是为得到佛法而来，不是为此法衣而来。"

六祖就从草间出来，盘坐在石头上。慧明行礼后说："望行者能为我说说佛法。"六祖说："既然你是为了佛法而来，那你就摒弃一切俗念，不要再有任何念头，我为你说法。"

慧明静坐了良久，六祖说："不思善，不思恶，正在这个时候，哪个是明上座的本来面目？"

慧明听了，顿时大悟。

禅要求我们超越于善恶的分别心之上，直接明白我们心灵的真实情况。以无所依、无所求之心而培养善心善行，才是最好的生活状态。

一个人可以在一念之间变成耶稣也可以变成魔鬼，那是因为人性中本就存在光明与黑暗的两面。当妄念太过执着时，人便舍弃了光明的那一面，而走向黑暗。其结果也必将是黑暗的。人生如过眼云烟，最终必是一切成空。为恶一生所得的所有益处都无法带走。只有以无所求之心培养善心善行，方能得到"极乐"的赠予。

善良是一缕最美丽的人性光辉

善良是人性光辉中最美丽、最暖人的一缕。没有善良、没有一个人给予另一个人的真正发自肺腑的温暖与关爱，就不可能有精神上的富有。我们居住的星球，犹如一条漂泊于惊涛骇浪中的航船，团结对于全人类的生存是至关重要的，我们为了人类未来的航船不至于在惊涛骇浪中颠覆，使我们成为"地球之舟"合格的船员，我们应该培养成勇敢的、坚定的人，更要有一颗善良的心。

《三字经》讲道："人之初，性本善。"由此可见，人生来都是善良的，只是由于后天环境的影响，人才开始变化的。关于人的善良，佛经中论述的最多，例如《梵网经》中就强调："而菩萨见一切贫穷人来乞者，随前人所需，一切给与。而菩萨以恶心、嗔心，乃至不施一钱、一针、一草。有求法者，不为说一句、一偈、一微尘法，而反更骂辱者，是菩萨波罗夷罪。"

有个水鬼，到了该找替身的日子，但他看到遭遇悲苦、心灰意冷，到河边来寻短见的人，不但不设法迷惑人家，反倒心里不忍，爬上岸去帮助他，劝他不要做糊涂事。这样，他一次又一次失去了找替身的好机会，一拖就是一百年，他还是个受苦的水鬼。管理阴阳转换的天神气得把他叫来大骂："像你心肠这么软，怎么配做水鬼！"话刚说完，那水鬼就变成了神。

慈悲的心肠一定能为别人和自己带来幸运，善有善报是千古不变的道

理。想一想，在过去的三个月中，你曾为别人做了哪些善事？

还有一则《长者与蝎子》的故事，相信你看完后一定会感动。

一位长者看见一只即将被淹死的蝎子，当他用手去救蝎子的时候，蝎子却狠狠地蜇了他一下。他疼痛难忍，不得不收回被蜇的手。看着还在水里挣扎的蝎子，他再次伸手相救，却又一次被蜇。有人对他说："您太固执了，难道您不知道每次去救它都被蜇吗？"他回答说："蜇人是蝎子的天性，但这改变不了我乐于助人的人的本性呀。"最后长者找到一片叶子将蝎子从水中捞了上来，救了蝎子一命。

我们先不说蝎子的命是否重要，但长者"乐于助人的人之本性"，却值得我们这些自称为"人"的人好好地深思反省！在追求经济利益高于一切的今天，人们的一切活动无不与利益牵扯在一起。大至国与国之间的外交，小到身边的人际交往。许多不该发生的悲剧日复一日地重演；国际上，国与国之间的战争，恐怖活动等，让无辜的人们在炮火声中血肉横飞，许多人在痛苦中，过早地萎谢了生命之花……在我们的身边，许多丑恶的违反人性的事件也层出不穷：面对即将淹死的人，几百人围观却无人出手相救；生活还算富裕的子女拒绝赡养年迈的父母，最后亲情反目，乃至法庭相见……善良在这里遭到践踏，看到或听到这些人与人之间的丑恶和悲剧，确实让人愤怒、沮丧和无奈。

但我们也应该看到人性善良的一面，许多善良的人们，为了世界和平、公民的平等，不断地努力争取；在国内的贫困地区，有些老师为了适龄儿童不再失学，用他们微弱的身躯，微薄的收入，支撑着一个村乃至几个村的教育；为了拯救病中的生命，许多不相识的人们捐献爱心等，这一切无不体现着人们的善良，人类的前景也因人们的善良充满着希望。

我们常常听到有人抱怨自己的朋友，如今发了财，做了大事，原来是我怎样怎样帮助的，到现在却忘恩负义。可以说，一个人假若没有善良，他的聪明、勇敢、坚强、无所畏惧等品质越是卓越，将来对社会构成的危害就越可怕。没有良心的朋友，到头来不会有好的结果。社会上有一些人，到处献爱心，并能固执地坚持自己善良的心，到处播撒善良的种子，一时被人认为是傻瓜。最后，才发觉这才是真正的大智慧，是一个无法用金钱来衡量的精神富豪，并且生活也很充实。

善良的情感及其修养是一道精神的核心，必须细心培养，要把善良的根植入每个人的心中。每个想成功的人，必须培养自己有一颗善良的心，以全身心的爱来迎接每一天。这样，也一定会得到社会的回报。

点一盏照亮心灵的灯

漆黑的夜晚，一个远行寻佛的苦行僧到了一个荒僻的村落中，漆黑的街道上，村民们你来我往。

苦行僧走进一条小巷，他看见有一团晕黄的灯光从静静的巷道深处照过来。一位村民说："瞎子过来了。"

瞎子？苦行僧愣了，他问身旁的一位村民："那挑着灯笼的人真是盲人吗？"

他得到的答案是肯定的。

苦行僧百思不得其解。一个双目失明的盲人，他根本就没有白天和黑夜的概念，他看不到高山流水，也看不到桃红柳绿的世界万物，他甚至不知道灯光是什么样子的，那他挑一盏灯笼岂不可笑吗？

那灯笼渐渐近了，晕黄的灯光渐渐从深巷移游到了僧人的鞋上。百思不得其解的僧人问："敢问施主真的是一位盲者吗？"

那挑灯笼的盲人告诉他："是的，自从踏进这个世界，我就一直双眼混沌。"

僧人问："既然你什么也看不见，那为何挑一盏灯笼呢？"

盲者说："现在是黑夜吗？我听说在黑夜里没有灯光的映照，那么满世界的人都和我一样什么也看不见，所以我就点燃了一盏灯笼。"

僧人若有所悟地说："原来您是为了给别人照明。"

但那盲人却说："不，我是为自己！"

"为你自己?"僧人又愣了。

盲人缓缓向僧人说:"你是否因为夜色漆黑而被其他行人碰撞过?"

僧人说:"是的,就在刚才,我还不留心被两个人碰了一下。"

盲人听了,深沉地说:"但我却没有。虽说我是盲人,我什么也看不见,但我挑了这盏灯笼,既为别人照亮了路,也更让别人看到了我。这样,他们就不会因为看不见而碰撞我了。"

苦行僧听了,顿有所悟。他仰天长叹说:"我天涯海角奔波着找佛,没有想到佛就在我的身边。原来佛性就像一盏灯,只要我点燃了它。即使我看不见佛,佛也会看得到我。"

在一般人看来,盲人点灯是一种愚蠢的行为。但智者却偏偏是那个点灯的"盲人"。在漆黑的夜点一盏灯,不仅是为照亮别人,更是为照亮自己。别人因为黑暗而无法看清你的存在,所以撞了你。但当你点一盏灯时,你的善行因为照亮了自己,所以别人便不会再去撞你。即使你是一个盲人,也不会遭受这种恶运。这就是我们所说的助人者善自助。

很多年前的一个暴风雨的晚上,有一对老夫妇走进旅馆的大厅要求订房。

"很抱歉,"前台服务员回答说,"我们饭店已经被参加会议的团体包下了。往常碰到这种情况,我们都会把客人介绍到另一家饭店,可是这次很不凑巧,据我所知,另一家饭店也客满了。"

他停了一会儿,接着说:"在这样的晚上,我实在不敢想象你们离开这里却又投宿无门的处境,如果你们不嫌弃,可以在我的房间住一晚,虽然不是什么豪华套房,却十分干净。我今晚就待在这里完成手边的订房工作,反正晚班督察员今晚是不会来了。"

这对老夫妇因为他们自己造成前台服务员的不便,显得十分不好意思,但是他们谦和有礼地接受了服务员的好意。第二天早上,当老先生下楼来付住宿费时,这位服务员依然在当班,但他婉拒道:"我的房间是免费借给你们住的,我全天候待在这里,已经赚取了很多额外的钟点费,那个房间的费用本来就包含在内了。"

老先生说:"你这样的员工,是每个旅馆老板梦寐以求的,也许有一天我会为你盖一座旅馆。"

年轻的前台服务员听了笑了笑,他明白老夫妇的好心,但他只当那是个笑话。

又过了好几年,那个前台服务员依然在同样的地方上班。有一天他收到老先生的来信,信中清晰地叙述了他对那个暴风雨夜的记忆。老先生邀请前台服务员到纽约去拜访他,并附上了一张往返机票。

几天之后,他来到了曼哈顿,于座落在第五大道和三十四街间的豪华建筑物前见到了老先生。

老先生指着眼前的大楼解释道:"这就是我专门为你建的饭店,我以前曾经提过,记得吗?""您在开玩笑吧!"服务员不敢相信地说,"都把我搞糊涂了!为什么是我?您到底是什么身份呢?"年轻的服务员显得很慌乱,说话略带口吃。

老先生很温和地微笑着说:"我的名字叫威廉·渥道夫·爱斯特。这其中并没有什么阴谋,因为我认为你是经营这家饭店的最佳人选。"

这家饭店就是著名的渥道夫·爱斯特莉亚饭店的前身,而这个年轻人就是乔治·伯特,他成为这家饭店的第一任经理。

你怎样对待别人,别人就会怎样对待你;你怎样对待生活,生活也会以同样的态度来对你进行回报。

当黑暗来临时,点一盏灯,不为别人,只为自己,但为自己的同时却也是为了他人。不要吝啬于自己的善行。当你点燃那盏照亮的灯时,受益的不仅是路人,而且还有你自己。任何时候的善行都将使你受益。

爱这世间一切生命

一座山上住着一位很有智慧的和尚,山下的村民有什么疑问,村民们都上山来向他请教。

村民们说没有任何事情能难住老人家。

有一个聪明又调皮的孩子想故意为难那位和尚，他捉住了一只小鸟，握在手中，跑去问和尚："大和尚，听说您是最有智慧的人，但我却不相信。假如您能猜出我手中的鸟是活的还是死的，我就相信了。"

和尚注视着小孩子狡黠的眼睛，心中有数。假如自己回答小鸟是活的，小孩会暗中加劲把小鸟掐死；假如回答小鸟是死的，小孩定会张开双手让小鸟飞走。

和尚于是拍拍小孩的肩膀说："这只小鸟的死活，就全看你的了。"

看看这个孩子吧，一个小孩就可以决定一只小鸟的生死。人类是否可以重新审视一下自己的天性和良知？人类为了自己的生存，遵循物竞天择、弱肉强食的生存规则是无可厚非的，否则，我们就只能自取灭亡。但我们绝不能因为自己是万物之灵长就可以像那个小孩一样任意将其他的生命握在手中，用我们的意志去决定它们的生死。因为那是一种罪，一种恶，而且是大恶。

佛说："众生皆怕刑害，自己亦怕刑害；众生皆怕死，自己亦怕死。人若能以此心，念自己之怕而想及其他众生之怕，则自己必不杀生，亦不教令人杀生。"

有一年，饥饿不堪的人们围了两个山头，要把这个范围内的猴子赶尽杀绝，不为别的，就为了肚子，零星的野猪、麂子已经解决不了问题，饥肠辘辘的山民把目光转向了群体的猴子。两座山的树木几乎全被伐光，最终一千多人将三群猴子围困在一个不大的山包上。猴子的四周没有了树木，被黑压压的人群层层包围，插翅难逃。双方对峙，那是一场心理的较量。猴群不动声色地在有限的林子里躲藏着，人在四周安营扎寨，还时不时地敲击响器，大声呐喊，不给猴群以歇息机会。三日以后，猴群已经精疲力竭，准备冒死突围，人也做好了准备，开始收网进攻。于是，小小的林子里展开了激战，猴的老弱妇孺开始向中间靠拢，以求存活；人的老弱妇孺在外围呐喊，造出声势，青壮年进行厮杀，彼此都拼出全部力气浴血奋战，说到底都是为了活命。战斗整整进行了一个白天，黄昏的时候，林子里渐渐平息下来，无数的死猴被收集在一起，按人头进行分配。

那天，有两个老猎人没有参加分配，他们俩为了追击一只母猴来到被砍伐后的秃山坡上。母猴怀里紧紧抱着自己的崽，匆忙地沿着荒芜的山岭逃窜。两个老猎人拿着猎枪穷追不舍，他们是有经验的猎人，知道抱着两个崽的母猴跑不了多远。于是他们分头包抄，和母猴绕圈子，消耗它的体力。母猴慌不择路，最终爬上了空地上一棵孤零零的小树。这棵树太小了，几乎禁不住猴子的重量，绝对是砍伐者的疏忽，他根本没把它看成一棵树。上了树的母猴再无路可逃，它绝望地望着追赶到跟前的猎人，更坚定地搂住了它的崽。

绝佳的角度，绝佳的时机，两个猎人同时举起了枪。正要扣扳机，他们看到母猴突然做了一个手势，两人一愣，分散了注意力，就在犹疑间，只见母猴将背上的、怀中的小崽儿，一同搂在胸前，喂它们吃奶。两个小东西大约是不饿，吃了几口便不吃了。这时，母猴将它们搁在更高的树杈上，自己上上下下摘了许多树叶，将奶水一滴滴挤在叶子上，搁在小猴能够够到的地方。做完了这些事，母猴缓缓地转过身，面对着猎人，用前爪捂住了眼睛——

母猴的意思很明确：现在可以开枪了……

母猴的背后映衬着落日的余晖，一片凄艳的晚霞和群山的剪影在暮色中摇曳，两只小猴天真无邪地在树梢上嬉戏，全然不知危险近在眼前。

猎人的枪放下了，永远地放下了……

对于人类，对于世俗社会，其伦理原则当为：可以杀生，但不要超出你自己的生存需求，不要危及被食用者的物种生存，不要赶尽杀绝，不要暴殄天物，不要无端地残害生命，也不要为满足自己那点好奇心或小情趣，就去囚禁生命，包括动物园囚禁众多珍禽异兽和市井人家囚禁一只相思鸟。

上天有好生之德。以己之心体谅动物之心，爱这世间的一切生命，是我们为人的大善。

善恶无大小

佛教一直倡导信众和世人要"诸恶莫作，众善奉行"。不管是小的过错，还是小的罪恶，但凡是负面的言行都不要让它面世。三国时刘备在白帝城临终托孤时，仍不忘谆谆告诫刘禅："勿以善小而不为，勿以恶小而为之。"刘备一世枭雄，留下的名言不多，唯有这句话流传千古，而且给后人永久的启示：奉劝人们不要因为某个坏习惯不起眼就不重视，这句话看似比较浅显，但却蕴含着很深的哲理。它告诉我们要在日常生活中的细节上加强道德修养，以免因小失大。

白居易为官时曾去拜访鸟窠道林禅师，他看见禅师端坐在鹊巢边，于是说："禅师住在树上，太危险了！"

禅师回答说："太守，你的处境才非常危险！"

白居易听了不以为然地说："下官是当朝重要官员，有什么危险呢？"

禅师说："薪火相交，纵性不停，怎能说不危险呢？"意思是说官场浮沉，钩心斗角，危险就在眼前。

白居易似乎有些领悟，转个话题又问道："如何是佛法大意？"

禅师回答道："诸恶莫作，众善奉行。"

白居易听了，以为禅师会开示自己深奥的道理，没想到只是如此平常的话，便失望地说：

"这是三岁孩儿也知道的道理呀！"

禅师说："三岁孩儿虽道得，八十老翁却行不得。"

白居易被禅师一语惊醒。

"勿以善小而不为，勿以恶小而为之。"谁都知道这个道理，但能够做到的人却很少。

佛说："愚昧之人，其实亦知善业与恶业之分别，但时时以为是小恶，作之无害，却不知时时作之，积久亦成大恶。犹水之一小滴，滴下瓶中，久之，瓶亦因此一滴一滴之水而满。故虽小恶，亦不可作之，作之，则有恶满之日。"

有个非常有名的寓言故事，名叫"象牙筷子"，也非常有意思。商纣王刚登上王位时，命工匠用象牙为他制作筷子，他的叔父箕子十分担忧。因为他认为，一旦使用了稀有昂贵的象牙作筷子，与之相配套的杯盘碗盏就会换成用犀牛角、美玉石打磨出的精美器皿。餐具一旦换成了象牙筷子和玉石盘碗，你就会千方百计地享用牛、象、豹之类的胎儿等山珍美味了。在尽情享用美味佳肴之时，你一定不会再去穿粗布缝制的衣裳，住在低矮潮湿的茅屋下，而必然会换成一套又一套的绫罗绸缎，并且住进高堂广厦之中。

箕子害怕演变下去，必定会带来一个悲惨的结局。所以，他从纣王一开始制作象牙筷子起，就感到莫名的恐惧。事情的发展果然不出箕子所料。仅仅只过了五年光景，纣王就穷奢极欲、荒淫无度地度日。他的王宫内，挂满了各种各样的兽肉，多得像一片肉林；厨房内添置了专门用来烤肉的铜烙；后园内酿酒后剩下的酒糟堆积如山，而盛放美酒的酒池竟大得可以划船。纣王的腐败行径苦了老百姓，更将一个国家搞得乌七八糟，最后终于被周武王剿灭而亡。

古人说"千里之堤，溃于蚁穴"，如果对小的贪欲不能及时自觉并且有效地禁绝，终将因为无底的私欲酿成灾难，小则身败名裂，大则招致亡国。我们要时时依照好的准则来检点自身的言行和思想，从善如流，否则等出现不良后果再深深痛悔就已太晚！

中国有个成语叫作"防微杜渐"，意思是在不良事物刚露头时就加以防止，杜绝其发展。这个成语的出处是有个典故的。东汉和帝即位后，窦太后专权。她的哥哥窦宪官居大将军，任用窦家兄弟为文武大臣，掌握着国家的军政大权。看到这种现象，许多大臣心里很着急，都为汉室江山捏了把汗。大臣丁鸿就是其中的一个。丁鸿很有学问，对经书极有研究，对窦太后的专权他十分气愤，决心为国除掉这一祸根。几年后，天上发生日食，丁鸿就借这个当时认为不祥的征兆，上书皇帝，指出窦家权势对于国

家的危害，建议迅速改变这种现象。和帝本来早已有这种感觉和打算，于是迅速撤了窦宪的官，窦宪和他的兄弟们因此而自杀。

丁鸿在给和帝的上书中，说皇帝如果亲手整顿政治，应在事故开始萌芽的时候就注意防止，这样才可以消除隐患，使得国家能够长治久安。

人之善恶不分轻重。一点善是善，只要做了，就能给人以温暖。一点恶是恶，只要做了，也能给人以损害。而最重要的是对自己道德品质的影响。所以，生活中的我们须谨言慎行。从一点一滴之间要求自己，做到为善。只有这样，我们才不至于在人生的沟沟坎坎中马失前蹄，断送我们本该美好的前途。

善恶到头终有报

老鹰有一次被捕鸟网困住，恰好有一和尚路过，就救了它。

后来，老鹰看见和尚赶路累了，坐在一堵危墙下面休息，十分危险。老鹰就飞扑过去抓走了和尚的包袱，和尚起身追赶，于是老鹰就又把包袱丢下来。等和尚捡回包袱，回到原处，才发现他曾待过的地方，墙已经倒塌了。和尚因此对那只知恩图报的老鹰非常感激，因为老鹰也救了他的命。

这个故事是一个善有善报的故事，做了好事就有可能得到善报。有的人会说："我做了那么多善事也没有好报。"好报一定会有，只不过要有耐心。今天晚上做了好事，明天早上就要求回报，心情就太急迫了。给老板做事还要一个月才领工资呢，你是做好事，又不是给人打短工。好报肯定有，但不要着急。

干坏事也一样，恶报肯定有，"未熟不受"。好比一个人，犯了谋杀罪，抓住了当场处决，行吗？不行，要经过法庭审判，将他的罪过一条条列出来，让他死得心服口服，也让其他人搞清是为什么，这样才能起到惩戒坏人、鼓励好人的作用。

当然,"未熟不受",并不是何时处决犯人这么简单,有时还是因为有罪而未显。这个道理,好比一个人,他性情残暴,极端自私,无视他人的生命,经常打架闹事。很多人都看得出来,这个人将来极可能犯下杀人重罪。但他现在毕竟没有杀人,你能把他抓起来枪毙吗?假设你真的想枪毙他,找个什么理由呢?恐怕只能是"莫须有"的罪名。

佛强调"福报有时,未熟不受"。犯罪证据不足,就不受理。

而对我们普通人来说,不要因为某个罪犯还逍遥法外,就认为法律形同虚设;不要因为某个坏人还在享受富贵,就认为天道无存。这都不过是"未熟不受"而已。

以"未熟不受"的心态看待社会上的不平等现象,以"福报有时"的心态多做好事,必有好结果。

一视同仁度世人

佛法要求禅师度化众生,为众生解除苦难,是没有什么分别心的。

无分别心的佛性中,能发起真实的菩提心,也才能产生真正的慈悲心。

只度善的,和想看好的、想听好的一样,只是事物的一面,而不包括另一面,所以是不完整的,是执着心。

曾经有这样一个故事:

有一位年轻和尚不论晴天或风雨天,不论早晨或黄昏,总是默默地站在大树下托钵化缘。尽管路口霓虹闪烁,车马喧嚣,他总是紧闭双目,纹丝不动地伫立着,他的神态与毅力,深深地令人折服。

树下常有两三个蓬头垢面、敝衣褴褛的小孩在追逐嬉戏。有一次,两个小孩竟公然窃取和尚钵里的缘金,而和尚却视若无睹。

其实,小孩的偷窃行为并非"偶然",而是一种"习惯"。和尚的缘金

竟成了他们固定的一种收入。

几天后，那位和尚仍然默默地站在那儿化缘，但旁边多了两位小沙弥。原来竟是那两位偷窃缘金的小孩。

儒家讲求"有教无类"；刑法追求"有期徒刑"；佛教则主张"普度众生"。与其惩治恶徒，不如以善缘感化。

因为善恶只不过是因缘的变化而已，没有永远的善，也没有永远的恶，都是不长久的，都会发生变化。

佛法扬善弃恶，却不执着，若想达到真正的慈悲，就需要一视同仁。

要想得到心灵的真实解脱，就要了解不分别善恶的这个佛性。

了解了以后，善要度，恶也要度。任何"认定"对方恶的念头已经是对对方不利了，所以也是对自己的不利。人类的争斗，有很多就是因此而起。就像武侠小说中，名门正派也出邪人邪事，旁门左道中亦有正大光明。

善恶都是相对立而起的，是不断变化的，在禅者眼里只不过是世人空幻的名相罢了。他那里只讲众生平等，不论贤愚。

不要妄加指责谁恶谁愚。在佛性中造出的一切念头，所产生的果报都得自己承受。

那种旁人"业力大业力小"的议论既不见容于社会其他人群，也是违背了佛法本意的邪行邪语。

佛说："如果有人对我们做坏事、说坏话，我们亦同样对他做坏事、说坏话，结果双方都是坏人；所以要用好的方法、好的行为、好的话去对待他，自然会叫他心服，别的人亦称赞我们。"

世间人是冤冤相报，佛法是以德报怨，你以怨对我，我以德对你。冤冤相报是凡夫，是造轮回业。真正觉悟之人，对于毁谤、侮辱、陷害他的人，甚至于要杀害他的人，都没有丝毫怨恨心，反而更加慈悲去爱护他、帮助他、救度他。感化一个人，就等于度化了一个人。

过去，有一位国王带领许多妃嫔、宫女到郊外游玩打猎。途中，国王追逐野兔走远了，妃嫔们于是在树林中等候。

妃嫔们看到一位修道者正在林中沉思，于是向他请教。国王回来之后，责备她们与陌生人说话。

"我不过是指导她们学习忍辱的精神而已。"修道人安详地回答。

"哈哈！你自命为忍辱的人吗？我倒要试试你的忍辱修养。"说着，他挥剑将修道者的手臂斩断。

"现在，你该愤恨了吧！"国王得意地说。

修道者虽然痛苦，仍然和善地看着他，回答："我不愤恨。怀恨只有冤冤相报。将来我成道后，一定要来度化你，以了结这段业缘。"

慈悲心在他的神态中表露无遗。国王被感悟了，跪在地上，深深忏悔。

这位忍辱仙人，正是释迦牟尼佛的前生。

佛法中的一视同仁度化世人在这个故事中可以极其明了地说明一切。无论恶人还是善人，他们的心始终会有柔软的那一部分，只要你不抛弃那个恶人，你终会感化他向善。

施予是真正的慈善

佛说：如果真心帮助，不挟带任何杂念的布施，就是真布施；不虑及将来没有回报的布施，就是真布施；不对受施人存任何轻视之心的布施，就是真布施。

这里有一个施善得报的故事。

有一次，佛托着钵盂出去化缘，遇到两个小孩在路边玩沙子。他们看见佛，就站起来非常恭敬地行礼，其中一个孩子抓起一把沙子放在佛的钵盂里，说："我用这个供养你！"

佛说："善哉！善哉！"

另外一个孩子也抓起一把沙子放在佛的钵盂里。佛就预言，若干年后，一个是英明的帝王，一个是贤明的宰相。

百年后，一个孩子当了国王，就是历史上有名的阿育王；另一个就是他的宰相。在典籍中，关于阿育王的史实与传说很多。比如，他曾经打败东征的亚历山大；他建的一座寺院曾经飞到中国来，就是浙江宁波的阿育王寺。

阿育王的一把沙子就得到了这么大的回报，很多人向寺庙里捐金捐银，什么好处也没见到。原因无他，越有所求越得不到。

这不仅是佛法，也是做人的道理！

什么是真正的慈善？佛祖讲得很清楚，一是出于至诚；二是不求回报；三是不轻毁人家。

前面两条好理解，不轻毁人家是什么意思呢？

"轻"是轻视。因为自己处于"施主"的地位，心里难免有几分优越感，在语言神态上就可能表现出看轻对方之意。比如那个"不受嗟来之食"的典故中，有钱人搭一个棚子，好心给饥民施粥，这本是件功德事，说话却不客气，看见来了个人，就说："喂，来吃吧！"谁知那个人有骨气，不受嗟来之食，掉头而去。你瞧，本来是想帮助人家，反倒得罪了人家，还说什么"好心无好报"，太不通人情世故了嘛！

"毁"是诋毁的意思，也就是说人家的坏话。这个坏话不是当场说的，是背后说的。比如，给了别人一个帮助，生怕人家不晓得自己心眼好，马上去告诉人家："那小子现在都混成这样了，穷得连给小孩交学费的钱都没有。我看他可怜，借给他五百元。"这好像是真话，怎么说是诋毁呢？因为这是揭人隐私。人在社会上，是要讲信誉的，这是一种无形资产。你让人知道了他的窘状，他的信誉马上下降，以后办事人家不放心他。所以，你借给他五百元，一句话就让他损失了无形资产五千元。你这五百元他还要还你，他损失的五千元找谁去要？他不找你报仇就好了，还想指望他的回报？

假如受自己帮助的人发达了，自己却原地踏步，说的话就更难听了："那小子，当初如何如何，要不是我帮他一把，他哪有今天？"这就不只是诋毁，而是诬蔑了。他发展到今天这一步，99%肯定是靠他的才能和努力，你那点帮助哪够用？不自度者，连佛祖也度不了他，自己不努力还揭别人的短，不是诋毁是什么？人家不报复就好了，你还指望他的回报？

电影里经常出现这样的镜头：某女身出豪门，某个小人物跟她结了婚，从此步步青云。此女便以此为傲，气稍不顺，就说："你没有我，哪有今天？"最后，老公坚决要跟她离婚。这个女人就是犯了诋毁的毛病。不错，你是给了他一个机会，但运用这个机会的才能却是他自己的，没有才能有机会也白搭。他有这个才能，在别的地方也可能找到这种机会，怎么能说没有你就没有他的今天呢！

在佛的三大布施原则中，最重要的当然是至诚之心。你不是因为他有权有势，不是因为他长得漂亮，不是因为他将来可能有出息，不是因为想炫耀自己，总之没有任何私心杂念，完全是因为一念之善，这样的施予才是真正的慈善，无论你的施予多么微不足道，都是该得善报的。

给予是通往天堂的唯一路径

有位国王想励精图治，他觉得如果有三件事能够解决好，则国家立刻可以富强。第一，如何预知最重要的时间；第二，如何确知最重要的人物；第三，如何辨明最紧要的任务。于是群臣献策说，把时间支配得正确，最好是列表；国家最重要的任务是培养教师或科学家；而当务之急是弘扬科学与严明法律。

国王对这些答案都不满意。他去问一个高僧，高僧正在垦地，国王问他这三个问题，恳求高僧的忠告，但高僧并没有回答他。这个高僧挖土累了，国王就帮他的忙。天快黑时，远处忽然跑来一个受伤的人。于是国王与高僧把这个受伤的人先救下来，裹好了伤，抬到高僧家里，翌日醒来时，这位伤者看了看国王说："我是你的敌人，我昨天知道你来访问高僧，我准备在你回程时截击，可是被你的卫士发现了，他们追捕我，我受了伤逃过来，却正遇到你。感谢你的救助，我不再是你的敌人了，我要做你的朋友。"

国王再去见高僧，还是恳求他解答那三个问题。高僧说："我已经回答了你。"国王说："你回答了我什么？"高僧说："你如不怜悯我的劳累，因帮我挖地而耽搁了时间，你昨天回程时，就被他杀死了。你如不怜恤他的创伤并且为他包扎，他不会这样容易地臣服你。所以你所问的最重要的时间是'现在'，只有现在才可以把握。你所问的最重要的人物是你'左右的人'，因为你立刻可以影响他。而世界上最重要的是'爱'，没有爱，活着还有什么意思？"

给予是人性中光辉的一面。人只有怀着一颗真挚的爱心面对生活，他才能够感受到生活中的美好和希望，同时也会得到别人的关爱和帮助。那么他能不快乐吗？所以选择了给予就等于选择了快乐。

一尊几百年前的弥勒佛像，因年久失修，有些残损了，寺里请来佛工为其修葺。当佛工根据残损程度揭开弥勒佛像的腹部，准备加固翻新时，在场的方丈和僧侣们无不惊愕动容——弥勒佛祖的阔腹里居然装着12个男女老少的陶俑！

见过、朝拜过弥勒佛像的人们，往往陶醉或羡慕于佛祖无与伦比的朗笑，更为弥勒佛的超级大肚子动之以容、付之一笑。有人还铭记着有关弥勒佛的楹联："大肚能容容天下难容之事，笑口常开笑天下可笑之人。"

可是，又有几人能够联想到、领悟出弥勒佛之所以大腹便便、笑口常开的真正因由？

心中装着别人，装着衣食父母、亲情悠悠的男女老少，装着需要照顾、需要超度的芸芸众生，肚子能不大吗？笑容能不爽朗吗？

佛教以及信奉佛教的人们，能创想塑造出如此经典、如此奥妙的弥勒佛来，就是一种念及苍生、真实再现的慈悲情怀，就是一种高深玄妙、惊世绝伦的人文艺术。

一个人的人生价值和真实幸福，不能仅仅囿于个人的一管之见、一私之利，要关爱别人、帮助别人，要"先天下之忧而忧，后天下之乐而乐"。

只有抱持这样的心志和心态，人生才能抵达一种高尚而神圣的境界。如此才能得到无比的快乐。

有一人过世之后，发现自己置身在一个金光闪闪的国度里，心想：

"我现在一定比生前想象的情况好多了。"接着,一道光芒迫近他,引领他来到了一个富丽堂皇的宴会厅。

大厅里,有一张摆满各种佳肴美馔的长桌。他和很多不认识的人一同入席,开始准备享用自己喜爱的美食。

但是,正当他拿起刀叉时,突然有人从背后靠近他,并且在他的手臂后面绑了一块薄木板,这么一来,他根本无法将食物送入口中,因为他的手臂无法弯曲。

环顾四周,他注意到其他围坐在桌子边的人也有相同的困扰,无法弯曲已被笔直固定住的手臂。顿时,哀号和哭喊的声音四起,无论他们再怎么努力想将食物送入自己口中,仍无法随心所欲地弯曲手臂。

他走到那位带领他来到此地的人身旁,说:"我不愿待在这里,你还是让我到另一个地方去吧!"

突然间,一道光芒引领他穿过大厅的门槛,来到另一个广大又华丽的宴会厅。

同样地,这个宴会厅里也有一张摆满和之前一样美食的大桌。这个人心想:"哦!这和刚才的场景很像。"

当他坐在餐桌前面准备进餐的时候,也有一个人走到他的后面,在他的手臂后面绑了一块薄木板。同样的情景再度重演,他仍旧无法弯曲手臂将夹取的食物送入口中。

正为此感到惋惜和伤心时,他环顾餐桌四周,注意到这里和先前的情形有些许不同。

这里的人索性将他们僵硬、笔直的手臂伸直,把手上的食物送入邻座的人口中。每一个人都将美食喂给旁边的人,每个人都能享用到佳肴。整个大厅其乐融融,每个人都笑逐颜开。

帮助他人正是生命的本质。为他人尽力,也即为自己尽力;一个人在帮助别人时,无形之中就已经投资了感情,别人对于你的帮助会永记在心,只要一有机会,他们也会主动帮助你的。

所以,你会因为帮助了别人而被别人放置在一个温暖的环境中,享受给予之后的快乐。

善心做人 凡心做事

善心是对人生的奖赏
凡心是获得幸福的源泉

ShanXinZuoren
FanxinZuoshi

天堂与地狱只有一线之隔，给予与索取也只有一步之遥，为求心的宽慰与快乐，请先给予他人以帮助。因为那是你通往天堂的唯一路径。

用慈悲的心做慈悲的事

佛说："慈心，是亲爱和好的心，希望他人幸福，是无量心、是大丈夫心。要做什么事，都要有爱心；要说什么话，都要有爱心；要想什么事，都要有爱心。这样做，爱心会支持这世界，会使世界有福乐、和敬同住、不相疑忌、不相仇视。这样，全世界会美好起来，一切众生，亦都是很安乐的。"

我们来看一个带有寓言性质的佛教故事。一位吃人女巫极力想追杀一位圣人的女儿和她的婴儿。当圣人的女儿知道释迦牟尼在寺院宣讲教义时，她去拜访佛陀，并将她的儿子放在他的脚下，请求他的祝福。那位吃人女巫原本被禁止进入寺院，但在释迦牟尼的示意下，女巫也获准入内。释迦牟尼同时为吃人女巫和圣人之女赐福。

释迦牟尼说她们俩的前世中，有一人一直无法怀孕，所以她的丈夫娶了另一个女人。当大老婆知道另一个女人怀孕时，她将药放入食物中，使另一个女人流产了。她一再使用这个伎俩，直到第三次使得能怀孕的女人因此而死亡。在死之前，那位不幸的女人在盛怒下，发誓她将报复大老婆和她的后代。

因此，她们因过去的竞争中所引发的不和，导致世世代代带着仇恨，相互残害对方的婴儿。女巫想杀死圣人之女的婴儿，只不过是深植心中的仇恨的延伸罢了。仇恨只会带来更多的仇恨，只有爱心、友谊、谅解和善心能消弭仇恨。在明了她们俩的错误后，她们接受了释迦牟尼的劝告，决定和平相处。

按照佛教的说法，这个故事告诉我们这样的道理：人们若带着仇恨的心，死后仍会将仇恨带到下辈子去。

爱对他人而言是无价之宝，透过爱，我们可以给予需要爱的人温暖。爱与被爱的人，比远离爱的人幸福。我们付出越多的爱心，就会得到越多爱的回报，这是永恒的因果关系。

对于爱的定义因人而异，根据释迦牟尼的说法，爱不是为了满足私欲而依恋某人或某物。爱应该是不间断地自我牺牲，对万物充满慈悲。

释迦牟尼曾说：让人们不再相互欺骗，不再互相轻视，在愤怒或意志薄弱时，也不会相互伤害。爱就如母亲一般，即使是冒着生命危险，也会极力保护她唯一的孩子。所以，要让人们培养无止境的爱心。

爱犹如泥土，使万物生长。它丰富了人类的生命，不给予丝毫的限制和牵绊。爱提升了人性。爱无须花费分毫，爱应该是没有选择性的。或许有些人会认为爱是一种获得，但它基本上是一种付出的过程。

在培养爱心和善意时，应该由家中做起。父母亲之间的情感，影响家中气氛甚巨，家庭成员因此感受到爱、呵护和分享。夫妻间应该相互尊敬、谦恭和忠诚。

父母亲对子女有五项责任：不可做坏事，树立好榜样，让孩子接受教育，支持、谅解孩子的恋爱或者为他安排婚姻，在适当时机让孩子继承家庭的财产。

另外一方面，为人子女者应荣耀父母，并善尽为人子女者之职责。他应该服侍父母，珍惜家族血统，保护家庭的财富，以父母之名行善，在父母过世后以庄严态度来纪念他们。假如夫妻、父母亲和为人子女者皆遵从佛陀的劝告，家庭中将充满快乐和平静的气氛。生命是由种种小事组合而成，习惯性的微笑、善意和尽义务，将使我们的心灵获得快乐。

一个有爱心的人会拥有慈悲心，我们应该养成习惯，去帮助身陷困难或比你更不幸的人。爱心和善意扩大并不意味着赠予，而是表现慷慨和有礼的精神。善意是一种盲人可见到、聋者可听到的美德。在这个世界，有人需要你用言语去安慰他，他会因你的出现而感到愉快且朝气蓬勃，他会因你的帮助而脱离苦海。无论你的存在是多么的不明显或不重要，你对人类而言，是项珍贵的财富。所以，你不应该为此而感到沮丧。甘地曾说：

善心做人 凡心做事

善心是对人生的奖赏
凡心是获得幸福的源泉
ShanxinZuoren
FanxinZuoshi

"你的善行多半是不显著的，但是，重要的是你做了。"

寻找四周比你不幸或不健康的人，然后尽一己之力去帮助他们。我们应该不断地培养仁慈心、爱心和善意。凡是世上的人，皆有被欺骗的经历，你也不例外。假如你被人欺骗时，不用感到羞愧或侮辱，但是，假如你欺骗他人，就是件可耻的事。对那些对不起你的人，千万不要存有报复之心。

有时，你所在乎的人似乎对你漠不关心，你会因此感到心情沉重。但是，这不是沮丧的好借口。既然你坚信你对他人怀有慈悲心，别人的忘恩和不在乎无关紧要。

当内心有爱时，四周将环绕着光明；当内心有爱时，每一句话都含有欢乐的气氛；当内心有爱时，时光将轻缓、甜蜜地流逝。

用慈悲的眼神看待万物、用慈悲的口舌随喜赞叹、用慈悲的双手常做佛事，我们将得到永久的祝福。

第二章
净化心灵
清清爽爽一生

好人不是装出来的,一个真正善良的、受人尊敬的人首先要有一颗纤尘不染的心。外面的环境可以藏污纳垢,但我们的内心不能同流合污。心静则明白事理,心净则无愧己心。轻轻松松、清清爽爽的好人,先从净化自己的内心开始。

莫让洁净的心灵蒙尘

鼎州禅师与一个小沙弥在庭院里散步,突然刮起了一阵大风,从树上落下了好多树叶,鼎州禅师就弯下腰,将树叶一片片地捡了起来,放在口袋里。站在一旁的小沙弥忍不住劝说道:"师父!您老不要捡了,反正明天一大早,我们都会把它打扫干净的。您没必要这么辛苦的。"

鼎州禅师不以为然地说道:"话不是你这样讲的,打扫叶子,难道就一定能扫干净吗?而我多捡一片,就会使地上多一分干净啊!而且我也不觉得辛苦呀!"

小沙弥又说道:"师父,落叶这么多,您在前面捡,它后面又会落下来,那您要什么时候才能捡得完呢?"

鼎州禅师一边捡一边说道:"树叶不光是落在地面上,它也落在我们心地上,我是在捡我心地上的落叶,这终有捡完的时候。"

小沙弥听后,终于懂得禅者的生活是什么。之后,他更是精进修行。

当年佛陀在世的时候,有一位弟子叫周利槃陀伽,本性十分愚笨,怎么教都记不得,连一首偈,他也是念前句忘后句,念后句忘前句的。

一天,佛陀问他:"你会什么?"

周利槃陀伽惭愧地说道:"师父,弟子实在愚钝,辜负了您的一番教诲,我只会扫地。"

佛陀拍拍他的肩头说:"没有关系,众生皆有佛性,只要用心你一定会领悟的。我现在教你一偈,从今以后,你扫地的时候用心念'拂尘扫垢'。"

听了佛陀的话,愚钝的周利槃陀伽每次扫地的时候都很用心地念,念了很久以后,突然有一天他想道:"外面的尘垢脏时,要用扫把去扫,而内心污秽时又要怎样才能清扫干净呢?"

就这样,周利槃陀伽终于开悟了。

鼎州禅师的捡落叶，不如说是捡去心中的妄念烦恼。大地山河有多少落叶且不必去管它，而人心里的落叶则是捡一片少一片；禅者，只要当下安心，就立刻拥有了大千世界的一切。

　　儒家主张凡事求诸己，日省吾身三次；禅者则认为随其心净则国土净，故有情众生都应随时随地除去自己心上的落叶，即所谓"拂尘扫垢"，还自己一片清净。

　　人心就好比一面镜子，只有拭去镜面上的灰尘，镜子才能光亮，才能照清人的本来面目；所以，一个人也只有常常拭去心灵上的尘埃，方能显露出其纯真、善良的本性来。

　　刚出生的小孩，是那么纯净，那么透亮，那么可爱，让人忍不住要去爱怜。但是随着他的长大，就变得越来越不可爱了，到后来甚至十分令人讨厌，这是为什么？为何保持一份内心的洁净是如此困难？红尘浊世，是什么改变了我们？

　　生活中，财、色、利、贪、懒……时刻潜伏在我们的周围，像看不见的灰尘一样无孔不入。时间长了，不去清扫，人的心上就会积着厚厚的一层，灵智被蒙蔽了，善良被遮挡了，纯真亦不复见。

　　那些尘埃，颗粒极小、极轻。起初，我们全然不觉它们的存在，比如一丝贪婪、一些自私、一点懒惰，几分嫉妒、几缕怨恨、几次欺骗……这些不太可爱的意念，像细微的尘灰，悄无声息地落在我们心灵的边角，而大多数的人并没注意，没去及时地清扫，结果越积越厚，直到有一天完全占满了内心，再也找不到自我。

　　落叶之轻，尘埃之微，刚落下来的时候难有感觉，但是存得久了，积得多了，清理起来就没那么容易了。在生命的进程中，也许我们无法躲避飘浮着的微尘，但千万不要忘记拂去，只有这样，我们的心灵才会如生命之初那般清洁、明净、透亮！

　　一切污浊皆源于心，有时一点小小的污垢就足可以令人误入歧途。时时检查自己的心灵，切莫让那本是洁净的心灵蒙尘。

任心清净

有一位虔诚的佛教信徒,每天都从自家的花园里,采撷鲜花到寺院供佛。

一天,当她正送花到佛殿时,碰巧遇到无德禅师从法堂出来,无德禅师非常欣喜地说道:"你每天都这么虔诚地以鲜花供佛,来世当得庄严相貌的福报。"

信徒非常欢喜地回答道:"这是应该的,我每天来寺礼佛时,自觉心灵就像洗涤过似的清凉,但回到家中,心就烦乱了。我这样一个家庭主妇,如何在喧嚣的城市中保持一颗清净的心呢?"

无德禅师反问道:"你以鲜花供佛,相信你对花草总有一些常识,我现在问你,你如何保持花朵的新鲜呢?"

信徒答道:"保持花朵新鲜的方法,莫过于每天换水,并且在换水时把花梗剪去一截;因为花梗的一端在水里容易腐烂,腐烂之后,水分就不易吸收,花朵就容易凋谢!"

无德禅师道:"保持一颗清净的心,其道理也是一样。我们生活的环境像瓶里的水,我们就是花,唯有不停净化我们的身心,变化我们的气质,并且不断地忏悔、检讨、改进陋习、缺点,才能不断吸收到大自然的养分。"

信徒听后,欢喜地作礼,并且感激地说:"谢谢禅师的开示,希望以后有机会亲近禅师,过一段寺院中禅者的生活,享受晨钟暮鼓、菩提梵唱的宁静。"

无德禅师道:"你的呼吸便是梵唱,脉搏跳动就是钟鼓,身体便是庙宇,两耳就是菩提,无处不是宁静,又何必等机会到寺院中生活呢?"

是啊,热闹场中亦可作道场;只要自己丢下妄缘,抛开杂念,哪里不可宁静呢?如果妄念不除,即使住在深山古寺,一样无法修行。

正如六祖慧能所说,不是风动、不是幡动,是人者心动。心才是无法宁静的本源。

有一位青年，因为受了一些挫折变得非常忧郁、消沉。有一次他去海边散步，碰巧遇到以前的一位朋友，这位朋友正好是一位心理医生。

于是青年就向这位医生朋友诉说他在生活、社会及爱情中所遭受的种种烦恼，希望朋友能帮他解脱痛苦，斩断生命的烦恼。

安静沉默的医生朋友，似乎没听这位青年的诉说，因为他的眼睛总是眺望着远方的大海，等到青年停止了诉说，他自言自语地说："这帆船遇到满帆的风，行走得好快呀！"

青年就转过头看海，看到一艘帆船正乘风破浪前进，但随即又转回去了；他以为医生朋友并没有听懂他的意思，于是就加重语气诉说自己的种种痛苦，生活中的烦恼、爱情的坎坷、社会的弊病、人类的前途等等问题已经纠结得快要让他发狂了。

医生朋友好像在听，又好像不在听，依然眺望着海中的帆船，自言自语地说："你还是想想办法，停止那艘行走的帆船吧！"

说完，就转身离去了。

青年感到非常茫然，他的问题没有得到任何解答，只好回家了。过了几天，他主动去找那位医生朋友了。一进门他就躺在地上，两脚竖起，用左脚脚趾扯开右腿的裤管，形状正像一艘满风的帆船。

医生朋友有点惊讶，接着就会心地笑了，随手打开阳台上的窗户，望着远处的山对青年说："你能让那座山行走吗？"

青年没有答话，站起来在室内走了三四步，然后坐下来，向医生朋友道谢，说完就离开了；走时神采奕奕，好像对生活充满了希望，不见了当初的消沉、颓废。

医生朋友事实上并未回答青年的问题，青年自己找到了答案。医生朋友的话让青年明白了，解决生活乃至生命的苦恼，并不在苦恼的本身，而是要有一个开阔的心灵世界；人们只有止息心的纷扰，才不会被外在的苦恼所困扰，因此要解脱烦恼，就在于自我意念的清净，正如在满风时使帆船停止行走。

在生活中，我们每个人都像那个被情感、家庭、社会问题所缠绕的青

年一样，找不到安心的所在；唯有像佛祖一样讲觉悟，好好地在自己的身上下功夫，从内心的观照里，去修正自己的一言一行，才不至于觉得无休止的劳苦。

外在的纠葛、攫取太多，心就没有办法安宁，更无法净化；人对外在无限度地索取，常常是以支付心灵的尊严为代价的。我们应该抬起头来，看看屋外的松林，听听松涛的呼唤，眺望远处的大海以及满风的帆船，我们的心中就会有对生命新的转移与看待。

每天让自己沉静几分钟，不要随着外在事物流转而变动，不要放弃洗涤自己、净化自己。把心放在可以安定的位置，任凭风浪起，稳坐钓鱼台！你且静看那莲花初绽，出于淤泥，却依旧心净气洁，不染尘丝。你心比莲心，自是莲心更比人心净。

忏悔是净化心灵的力量

在日常生活中，我们在有心无心之间不知做错了多少事情，说错了多少言语，动过多少妄念，只是我们没有觉察罢了。所谓"不怕无明起，只怕觉照迟"，这种从内心觉照反省的功夫就是忏悔。忏悔在生活上有什么作用呢？它能帮助我们什么？第一，忏悔是认识错误的良心；第二，忏悔是去恶向善的方法；第三，忏悔是净化身心的力量。

佛界有这样一个故事。

悟明与悟静一同听道。禅师正讲"不杀生"的戒律，坐在悟静身边的一个魁伟的大汉悄悄对悟静说："我是一名刽子手，可是我知道我罪恶深重，想改恶从善。我还能修道吗？"

悟静重重地点了一下头，道："能！"

在回家的路上，悟明责怪悟静，说："你为什么骗那个刽子手？他杀了那么多人，明明要受到报应入地狱的！"

悟静反问："你能成佛吗？"

悟明想了想，道："应该可以。"

悟静问："你每天喝水吗？"

悟明有些茫然，但还是回答说："当然。"

"你知道一口水中有多少生灵吗？"

"佛说，一口水有八万四千条生灵。"

"它们杀过人吗？"

"没有。"

"它们抢过钱财吗？"

"没有。"

"它们打劫放火吗？"

"没有。"

"那么你每天随意残杀无辜生灵尚能成佛，他如何不能修道呢？"

人无忏悔之心便无药可医，佛说："人有时因无知而犯罪，或因愤恨，或因误会而犯罪。事后，自知无理，来求忏悔谢罪，此人确是难得，有上德行，但受者反不肯接受其忏悔，必欲报复。如果是这样的话，那么犯罪者已无罪，而不接受忏悔者，反成为积集怨结之人。"

平时我们的衣服肮脏了，穿在身上非常不舒服，把它洗干净再穿，觉得神清气爽；身体有了污垢也要沐浴，沐浴以后，浑身上下舒服自在；茶杯污秽了，要用清水洗净，才能再装茶水；家里尘埃遍布，也要打扫清洁，住在里面才会心旷神怡。这些外在的环境器物和身体肮脏了，我们知道拂拭清洗，但是我们内在的心染污时，又应该怎样去清理呢？

当我们的心受到染污的时候，要用清净忏悔的净水来洗涤，才能使心地没有污秽邪见，使人生有意义。

在日常衣食住行的生活中，有了忏悔的心情，就能得到恬淡快乐。好像穿衣时，想到"慈母手中线，游子身上衣"的古训，想到一针一线都是慈母辛苦编织成的，那密密爱心多么令人感激！这样一想一忏悔，布衣粗服不如别人美衣华服的怨气就消除了。吃饭时，想到"一粥一饭来之不易"，粒粒米饭都是农夫汗水耕耘，我们何德何能，岂可不好好珍惜盘中

善心做人 凡心做事
善心是对人生的奖赏
凡心是获得幸福的源泉

餐？惭愧忏悔的心一生，蔬食淡饭的委屈也容易平息了。住房子，看到别人住华厦美居，心生羡慕，要想想"金角落，银角落，不及自家的穷角落"，觉得有一间陋室可以栖身，可以居住，那总要比多少流落街头，躲在屋檐下避风雨的人好得多了，忏悔心一发，自然住得安心舒适了。出门行路，看到别人轿车迎送，风驰电掣好不风光，但想到别人得到这些，不知要熬过多少折磨，吃过多少苦楚，是心血耕耘得来的，而自己还努力不够，功夫不深，自然应该安步当车，这样，也就洒脱自在了。

一念忏悔，使我们原本缺憾的生活，突然时时风光，处处自在，变得丰足无忧了，这就是能够常行忏悔的好处。

忏悔是我们生活里时刻不可缺少的一种言行。忏悔像法水一样，可以洗净我们的罪业；忏悔像船筏一样，可以运载我们到解脱的彼岸；忏悔像药草一样，可以医治我们的烦恼百病；忏悔像明灯一样，可以照亮我们的无明黑暗；忏悔像城墙一样，可以保护我们的身心六根。《菜根谭》里说："盖世功德，抵不了一个矜字；弥天罪过，当不了一个悔字。"犯了错而知道忏悔，再重的过错也就有了改正的开端。

佛经上说"菩萨畏因，众生畏果"。菩萨和众生的差别，在于菩萨能高瞻远瞩，眼光看得远大，不会迷惑于一时的贪欲，造作万劫难复的恶因；而众生短视浅见，只看到刀锋上甜美的蜜汁，却全然不顾森寒锐利的锋刃。等到蜜汁尝到了，舌头也割破了的时候，已经种下无尽的恶因，结成无法弥补的苦果，后悔莫及了。人生短暂，我们应早向圣贤看齐，趁着年轻力壮的时候勤奋开垦，创造自己光明而美满的人生。

忏悔是重新认识和评价自我、重新更迭和安顿自我的一种非常重要的途径。忏悔的意思是"承认错误"，但是承认错误之后，还要负起责任，准备接受这个错误所带来的一切后果，这才是忏悔的功能。

根据佛经，忏悔有三种方法：第一是对自己的良心忏悔；第二是对我们所亏欠的人忏悔；第三则是当众忏悔。在当下承认错误的同时，对自己负责，也对他人负责。

其实在我们一生之中，无意间对不起的人有很多很多，他很可能就是我们的父母、兄弟姊妹等最亲近的亲人；我们伤了他们的心，让他们受苦受难，而自己并不知道，甚至有时候让人家受苦受难，心中还在幸灾乐祸，说："活该！希望他再苦一点，这样才能发泄我心中的不满。"有这样的向恶心理，都应该要忏悔。如果我们平常能够天天忏悔的话，我们的身心行为就会越来越清净。

天然去雕饰，结果自然成

禅宗认为，人们先天就具有一种觉悟本性，而这种觉悟本性本来就是洁净无瑕、没有蒙受世俗间的尘埃污染的；又言"但用此心，直了成佛"，其实，人们的一切行为都来源于这种本性，一旦依照这种本性处事，得到的结果往往就是成功。

达摩祖师曾经做过一偈，名为《一花开五叶》，说的就是一种追求本性，结果自然成的境界——

吾本来兹土，传法救迷情。

一花开五叶，结果自然成。

这是昔日达摩祖师给慧可禅师的一首示法偈。当初达摩祖师来东土中国的目的，就是遵从师教，用佛理来通大义，解救迷途的众生。达摩初至建康（今江苏南京）讲学，梁武帝不契，遂渡江北上到少林寺静修。达摩祖师所说的"一花开五叶"，指的是日后中土禅宗分为五宗：临济宗、沩仰宗、曹洞宗、云门宗、法眼宗。到六祖慧能立宗，直宣"教外别传，不立文字，直指人心，见性成佛"的要旨，诚如达摩所言，真正是"结果自然成"。

许多事因为人们刻意地介入而变糟，强调的人治恰恰与事物的本质相抵触，违背了事物本身的客观发展规律。在万物面前，人们应该保持尊重、虔诚的态度，不要硬性地非打上个人的烙印。不必要的机巧和智慧要退后了，这样更有利于事物的发展，减少人生的磨难。

东汉时期，新蔡县是一个很穷的地方，每年的朝贡根本交不上来，因此朝廷撤掉了许多县令。

善心做人 凡心做事

——善心是对人生的奖赏
凡心是获得幸福的源泉

ShanXin Zuoren
FanXin Zuoshi

吴祐在任新蔡县县令时，有人曾给他出了很多治理百姓的点子，吴祐却无一采纳，他说："现在不是措施不够，而是措施太多了。每一任县令都想有所作为，随意改动新蔡县的制度、法令，将自己的想法强加到百姓身上，百姓都被弄得无所适从了。"

吴祐上任之后不但没有提出新的主张，而且还废除了许多不合理的规章，他召集百姓说："我这个人没有什么本事，凡事要依靠你们自己的努力，只要有利于发展生产的，你们尽可按照自己的方法去做，我不但不干涉，还会想方设法地帮助你们。"

吴祐不干涉百姓的生产生活，又严命下属不许骚扰百姓。闲暇的时候，他整日在县衙中看书写字，十分轻闲。

有人将吴祐的作为报告给了知府，说他不务公事，偷懒放纵。知府于是把他召来，当面责怪他："听说你无所事事，日子过得分外自在，难道这是你应该做的吗？"

吴祐回答说："新蔡县贫穷困顿，只因从前的县令约束太多，才造成今天的这种局面。官府重在引导百姓，取得他们的信任，没有必要凡事躬亲，把一切权力都抓到自己手里。我这样做是要调动他们的积极性，让百姓休养生息，进而达到求治的目的。我想不出一年，你就可以看到效果了。"

一年之后，新蔡县果然面貌一新，粮食有了大幅增长，社会治安也明显好转。知府到新蔡县巡视一遍，对吴祐说："古人说无为而治，今日我是亲眼见到了。从前我错怪了你，现在想来实在惭愧。"

所谓的治理，并不在治而在于理，如何将人们固有的那种本性理顺、理通，能够达到一种结果自然成的状态，自然就会不治而治了。

有一个县太爷，为了教化民心，计划重新修缮县城当中两座比邻的寺庙。公示一经张贴，前来竞标的队伍十分踊跃。经过层层筛选，最后两组人马中选：一组为工匠，另外一组则为和尚。

县太爷说："各自整修一座庙宇，所需的器材工具，官家全数供应。工程必须在最短的时日完成，整修成绩要加以评比，最后得胜者将给以重赏。"

此时的工匠团队，迫不及待地请领了大批的工具以及五颜六色的油漆、彩笔，经过全体员工不眠不休的整修与粉刷之后，整座庙宇顿时恢复了雕梁画栋、金碧辉煌的面貌。

另一方面，却见和尚们只请领了水桶、抹布与肥皂，他们只不过是把原有的庙宇玻璃擦拭明亮而已。

工程结束时，已到了日落时分，正是评比揭晓的关键时刻。这时，天空中所照射下来的落日余晖，恰好把工匠寺庙上的五颜六色辉映在和尚的庙上。

霎时，和尚所整修的庙宇，呈现出柔和而不刺眼、宁静而不嘈杂、含蓄而不外显、自然而不做作的高贵气质来，与工匠所整修的眼花缭乱的颜色，形成非常强烈的对比。

事实上，寺庙的功能为一个心灵的故乡，是一个净化心灵的场所，太过于华丽铺陈，反而会失去其真正的功能。依照庙宇本身的样子建造出来的庙宇才能称之为庙宇，倘若用华丽的砖瓦来建造庙宇，那就变成了皇宫而非庙宇了，做人处事也本该如此。

尊重自己的本性

凡尘俗世的纷繁芜杂使我们渐染失于心性的杂色。每一次的呈现都多了一点修饰，每一次的语言都少了一分真实。习惯于疲惫的伪装，总以为这样就可以赢得更多，过得更好。蓦然回首，那些希冀着的，仍需希冀，那些渴盼着的，仍需渴盼。唯独改变了的是自己的本性。扪心自问："我是否在意过自己最真实的内心世界？尊重过自己的本性？"心会告诉你那个最真实的答案。有多少人曾想过改变自己，以追逐想要的一切，到头来才发现，自己做了一个邯郸学步的寿陵少年，不仅没有得到自己想要的，还丢失了自己最初拥有的。那么，当初为什么就不能尊重自己的本性，做那个最真实的自己？也许正是因为没有彻悟。

文喜禅师去五台山朝拜。到达前，晚上在一茅屋里借宿，茅屋里住着一位老翁。文喜就问老翁："此间道场内容如何？"

老翁回答道:"龙蛇混杂,凡圣交参。"

文喜接着问:"住众多少?"

老翁回答:"前三三、后三三。"

文喜第二天起来,茅屋不见了,只见文殊骑着狮子步入云中,文喜自悔有眼不识菩萨,空自错过。

文喜后来参访仰山禅师时开悟,安心住下来担任煮饭的工作。一天他从饭锅蒸汽上又见文殊现身,便举铲打去,还说:"文殊自文殊,文喜自文喜,今日惑乱我不得了。"

文殊说偈云:"苦瓜连根苦,甜瓜彻蒂甜,修行三大劫,却被这僧嫌。"

有时我们因总把眼光放在外界,追逐于自己所想的美好事物,常常忽视了自己的本性,在利欲的诱惑中迷失了自己。所以才终日心外求法,因此而患得患失。如果能明白自己的本性,坚守自己的心灵领地,又何必自悔自恼呢?

诗人卞之琳写道:"你站在桥上看风景,看风景的人在楼上看你。"带着妻儿到乡间散步,这当然是一道风景;带着情人在歌厅摇曳,也是一种情调;大权在握的要员静下心来,有时会羡慕那些路灯下对弈的老百姓,可是平民百姓没有一个不期盼来日能出人头地的;拖家带口的人羡慕独身的自在洒脱,独身者却又对儿女绕膝的那种天伦之乐心向往之……

皇帝有皇帝的烦恼,乞儿有乞儿的欢乐。乞儿的朱元璋变成了皇帝,皇帝的溥仪变成了平民,四季交错,风云不定。一幅曾获世界大赛金奖的漫画画出了深意:第一幅是两个鱼缸里对望的鱼,第二幅是两个鱼缸里的鱼相互跃进对方的鱼缸,第三幅和第一幅一模一样,换了鱼缸的鱼又在对望着。

我们常常会羡慕和追求别人的美丽,却忘了尊重自己的本性,稍一受外界的诱惑就可能随波逐流,事实上,每一个人都有自己独有的优点和潜力,只要你能认识到自己的这些优点,并使之充分发挥,你也必能成为某一领域的领军人物。

王羲之的伯父王导的朋友太尉郗鉴想给女儿择婿。当他知道丞相王导家的子弟个个相貌堂堂,于是请门客到王家选婿。王家子弟知道之后,一个个精心修饰,规规矩矩地坐在学堂,看似在读书,心却不知飞到哪儿去了。唯有东边书案上,有一个人与众不同,他还像平常一样很随便,聚精会神地写字,天虽不热,他却热得解开上衣,露出了肚皮,并一边写字一边无拘无束地吃馒头。当门客回去把这些情形如实告知太尉时,太尉一下子就选中了那个不拘小节的王羲之。太尉认为王羲之是一个敢于坦露真性情的人。他尊重自己的本性,不会因外物的诱惑而屈从盲动,这样的人可成大器。

所以,做人没有必要总是做一个跟从者,一个旁观者,只需知道自己的本性就足可以成为一道风景。不从外物取物,而从内心取心,先树自己,再造一切,这才是你首先要做的。

幸福因恶习而远去

佛说,众生都有成佛的潜质,但众生并未成佛,这是什么原因呢?因为被十种恶习蒙蔽了性灵。其实上天对每个人都是公平的,之所以还有那么多不幸福的人,也是因为这十种恶习在心头作祟。

哪十种恶习呢?无惭、无愧、嫉、悭、悔、眠、昏沉、掉举、嗔恨、覆。

所谓无惭,就是不知道惭愧。古人云:"人不知耻,百事可为。"一个人不要脸,什么不光彩的事都做得出来。

所谓无愧,就是不知自省的意思。就像俗话说的:"人不知自丑,马不知面长。"一个人不知自省,他就看不到自己的缺点和不足,就不会去努力改进,那么,学问和做人功力就会停滞不前,事业和品德就难有长进。

嫉,就是嫉妒。嫉妒心特别强的人,将别人的收获看成自己的损失,为别人的成就暗自神伤。为了不让身边的人太得意,他经常在背后搞小动作,干一些损人不利己的勾当。他们成天忙于这些惹麻烦没好处的事,哪怕一生劳碌,也百事无成。

悭,就是吝啬。节俭是一种好习惯,过于吝啬,一点好处都到不了别

人手里，人际关系必然很差。因为缺乏交流，信息不畅，不易发现成功的机会，见识方面也难有长进。吝啬不只是钱财的悭吝，还有对法的悭吝，也就是不愿把好的想法、好的建议告诉别人。这样，别人看不到他的诚意和才能，肯定不会对他加以重视。

悔，即做事后悔。"如果我那时好好读书就好了"，"如果我好好把握那个机会就好了"，后悔其实是不求上进的表现。如果认为读书有益，哪天不能读书？哪怕已经五六十岁还不晚，花上五六年时间，即可精通一门学问。难道非得青春年少在学校里读书吗？之所以让少年儿童在学校读书，主要是因为这么小的孩子干不了什么事，反而会添麻烦，索性让他们在学校读书，既长学问，也减轻了父母的负担。真正要读书，还是在社会上打拼时学以致用，比较容易长学问。如果认为某个机会重要，哪天没有机会？现在是一个机会社会，你需要的是识别和把握机会的能力。所以，浪费任何一个机会都无须后悔。

眠，睡懒觉，也就是懒惰的意思。世界上最没出息的，无疑是懒惰不负责任的人。这种人没出息倒好，要是哪天时来运转，得到某个受重用的机会，那就很可能成为大家的不幸。

昏沉，就是昏头昏脑，迷糊颠倒的意思。这主要是身体或精神状况欠佳造成的。几乎每一个成就大业的人，都是精力充沛的人。有的人能力和智商都不差，人也不懒，主要是身体欠佳，一想问题就头痛，只好不想；一做事就气喘，只好不做或少做。这怎么能有成就呢？精神状态欠佳，跟身体状况有一定关系，但主要是心理调节能力的问题。有的人心事重，就像《红楼梦》里那个林妹妹一样，一点小事都要琢磨半天，这样肯定开心不起来！那么这样的人如何能够为人所用、给他人造福？

掉举，就是胡思乱想，注意力不集中。任何事精神专注才能做好，做事时东想西想，做出来的事肯定比较马虎！

嗔恨，性子浮躁，自控能力差，喜欢怨天尤人，喜欢自怨自艾，或者容易发怒。这不但容易搞坏人际关系，也容易惹麻烦。整天跟麻烦事打交道，哪有心情干事业呢？

覆，就是掩过饰非的意思。做错了事，不肯认错，总是找借口辩解，或者把过错推到别人身上。这种人难当大任，也不易受人信任。

以上十种恶习，是做任何事的障碍，所以，哪怕你不想成佛，对它们引起重视，也是必要的。

因为克服了这些恶习，最起码可以养成一种良好的心理品质，对你做一个成功的人则大有裨益。

恶习是潜能的绊脚石，除掉自身恶习即可让潜能发挥出来。

用心体会生活的快乐

生活给予每个人的快乐大致上是没有差别的：人虽然有贫富之分，然而富人的快乐绝不比穷人多；人生有名望高低之分，然而那些名人却并不比一般人快乐到哪去。人生各有各的苦恼，各有各的快乐，只是看我们能够发现快乐，还是发现烦恼罢了。

白云禅师受到了神赞禅师《空门不肯出》的启发，而作过一首名为《蝇子透窗偈》的感悟偈。其偈是这样的——

为爱寻光纸上钻，不能透处几多难。

忽然撞着来时路，始觉平生被眼瞒。

从字面意义上看，白云禅师的这首诗偈可以这样理解：苍蝇喜欢朝光亮的地方飞。如果窗上糊了纸，虽然有光透过来，可苍蝇却左突右撞飞不出去，直至找到了当初飞进来的路，才得以飞了出去，也才明白原来是被自己的眼睛骗了。苍蝇放着洞开无碍的"来时路"不走，偏要钻糊上纸的窗户，实在是徒劳无益，白费工夫。

这首诗偈通俗易懂却又意喻深刻，诗中的"来时路"喻指每个人的生活都有值得去品味的地方，只可惜往往不加以注意罢了。而"被眼瞒"一句更是深有寓意，意指人们常常被眼前一些表面的现象所欺骗，无法发现生活的真滋味。此偈选取人们常见的景象，语意双关、暗藏机锋，启迪世

善心做人 凡心做事

善心是对人生的奖赏
凡心是获得幸福的源泉
ShanXinZuoren FanXinZuoshi

人不要受肉眼蒙蔽,而要用心灵去体会那些生活中,通常被人们忽略而又美丽的瞬间。

一位哲学家不小心掉进了水里,被救上岸后,他说出的第一句话是:呼吸空气是一件多么幸福的事情。空气,我们看不到,日常生活中也很少意识到,但失去了它,你才发现,它对我们是多么重要。据说后来那位哲学家活了整整一百岁,临终前,他微笑着、平静地重复那句话:"呼吸是一件幸福的事。"言外之意,活着是一件幸福的事。

生活中的快乐无处不在,而在于如何去体会,倘若用心体会便不难感受。生活的幸福是对生命的热情,为自己的快乐而存在,在那些看似无法逾越的苦难面前,依然能够仰望苍穹,快乐便会永远伴随左右。

一个人听说有一位很有名的乐观者,于是,他便去拜访这位乐观者。

乐观者乐呵呵地请他坐下,很有礼貌地帮助他解决心中的烦恼。

"假如你一个朋友也没有,你还会高兴么?"这个人开门见山地问。

"当然,我会高兴地想,幸亏我没有的是朋友,而不是我自己。"

"假如你正行走间,突然掉进一个泥坑,出来后你成了一个脏兮兮的泥人,你还会快乐么?"

"我还是会很高兴的,因为我掉进的只是一个泥坑,而不是万丈深渊。"

"假如你被人莫名其妙地打了一顿,你还会高兴么?"

"当然,我会高兴地想,幸亏我只是被打了一顿,而没有要我的性命。"

"假如你去拔牙,医生错拔了你的好牙而留下了龋齿,你还会高兴么?"

"当然,我会高兴地想,幸亏他错拔的只是一颗牙,而不是清除了我的心脏。"

"假如你正在睡觉,忽然来了一个人,在你面前用极难听的嗓门唱歌,你还会高兴么?"

"当然,我会高兴地想,幸亏在这里嚎叫着的,是一个人,而不是一匹狼。"

"假如你马上就要离开这个世界,你还会高兴么?"

"当然,我会高兴地想,我终于高高兴兴地走完了人生之路,可以高高兴兴地去参加另一个'宴会'了。"

"这么说，生活中没有什么是可以令你烦恼或者痛苦的？"

"是的，只要你愿意，你就会在生活中发现和找到快乐——痛苦往往是不请自来，而快乐和幸福往往需要人们去发现、去寻找。"乐观者说。

听到了乐观者这一连串的快乐表白，拜访乐观者的人也悟出了其中的道理，因而，他的生活也充满了欢乐。

很显然，如果我们不能用心去体会生活中的那部分快乐，同样，如果缺乏珍惜之心也很难意识到快乐的所在，有时甚至连正在历经的快乐都会失去。正如一位哲学家曾说过的：快乐就像一个被一群孩子追逐的足球，当他们追上它时，却又一脚将它踢到更远的地方，然后再拼命地奔跑、寻觅。

人们都追求快乐，但快乐不是靠一些表面的形式来获得或者判定的，快乐其实来源于每个人的心底。安徒生曾经著有一则名为《老头子总是不会错》的童话故事，说的就是如何去寻找生命中的快乐——

在某个地方的乡村，有一对清贫的老夫妇，有一天他们想把家中唯一值钱的一匹马拉到市场上去换点更实用的东西。

于是，老头子牵着马去赶集了，他先与人换了一头母牛，又用母牛去换了一只羊，再用羊换来一只肥鹅，又把鹅换了母鸡，最后用母鸡换了别人的一袋子烂苹果。在每次交换时，老头都期望着能给老伴带去惊喜。

当他扛着大袋子来到一家小酒店歇息时，遇上两个英国人。闲聊中他谈到了自己赶集的经过，两个英国人听后哈哈大笑，说他回去准会被他老婆臭骂一顿。老头子坚持说这种事情绝对不可能发生。英国人就用一袋金币与他打赌，三个人于是一起来到老头子家中。

老太婆见老头子回来了，非常高兴，她兴奋地听着老头子讲赶集的经过。每听老头子讲到用一种东西换了另一种东西时，她都充满了对老头子的钦佩。她嘴里不时地说着："哦，我们有牛奶喝了！""羊奶也同样好喝。""哦，鹅毛多漂亮！""哦，我们有鸡蛋吃了！"

最后听到老头子背回一袋已经开始腐烂的苹果时，她同样不愠不恼，大声说："我们今晚就可以吃到苹果馅饼了！"结果，英国人输掉了一袋金币。

生活本来就是柴米油盐这些繁琐而又现实的组合，每个人的生活都是如此。与其看不如意的方面，不如学会寻找乐趣，看生活中好的一面。如

果我们能够像《老头子总是不会错》中的老太婆一样看待生活，用心去体会平凡中的幸福与快乐，那么微笑就会时常挂在嘴角，幸福的甜蜜也会永驻心间！

生活中的情趣是靠心灵去体会的。去掉繁杂，我们的心会更简单，得到更多的快乐。生命短暂，找到自己的快乐才是本质，用心去体会生活，你做得到吗？

别人不是我们的镜子

有一次，雪峰禅师和岩头禅师共游南方，同行的还有一位小和尚，负责打理他们的日常生活，同时还跟着两位禅师学习佛法。行至湖南鳌山时，遇到大雪不能继续前进，他们便留了下来小住，两位禅师整天讨论参悟。小和尚没什么事情可做，于是就每天坐禅，几天之后，岩头禅师便责备他不该只管坐禅。受到岩头禅师的训导和指示，小和尚不再坐禅，于是每天不是闲散就是睡觉。这样又过了几天，这回雪峰禅师又责备他修行懒惰，只知道睡觉却不坐禅。

一时间，小和尚不知道如何是好，坐禅不对睡觉也不对，两位德高望重的禅师说法竟然如此不同，他真不知该做什么。

于是，他硬着头皮跟雪峰禅师说："师父，不是我不坐禅，是岩头禅师责备弟子不该只知道坐禅，所以弟子……"还没等小和尚说完。雪峰禅师就一棒打过来了，大声喝道："我的话你竟敢不听，该打！"

小和尚被打得有点莫名其妙，但是也不敢再说什么了，便坐下来打禅。这时正好岩头禅师路过，看到小和尚又在坐禅，便生气地喝道："你竟敢违逆本座的意思，你不想得到佛法吗？"说着也给小和尚一棒。

小和尚还没反应过来，就又被敲了一棒，他苦着脸说："两位师父，我知道你们都是为我好，可是你们又让我做完全相反的事，我真的不想违逆你们，但是我又不知道该怎么做？"

听完小和尚的话，雪峰禅师与岩头禅师同时拿起棍棒，正准备往小和尚脑袋上打去，小和尚突然站了起来，说："不许你们再打我了，你们的话，我一个都不听。佛法就是让人求得自我、自在，所以，以后我想睡觉就睡觉，我想坐禅就坐禅，我想干什么就干什么！"说完就拿开两位师父手中的棒子，走开了。

雪峰禅师与岩头禅师相视一笑，小和尚终于开悟了——做自己想做的事，不能跟着别人走，两位师父的话都不要听，即使他们是高深的大师，遵从自己的本心才是最重要的。

而生活中，人们总是畏惧别人的眼光，总是担心别人怎么想，不自觉地丢失了自己；其实事情是我们自己的，别人不应该成为我们的标准，为什么我们要生活得那么被动呢？

有一位青年画家想努力提高自己的画技，画出人人喜爱的画，为此他想出了一个办法。这一天，他把自己认为最满意的一幅作品的复制品拿到市场上，旁边放上一支笔，请观众们把不足之处给指点出来。集市非常热闹，来来往往的人群络绎不绝，画家的态度十分诚恳，于是许多人就真诚地发表自己的意见。到晚上回来，画家发现，画面上所有的地方都标上了指责的记号。也就是说，这幅画简直就是一无是处。这个结果对年轻画家的打击实在太大了，他变得萎靡不振，甚至开始怀疑自己到底有没有绘画的才能？他的老师见他前不久还雄心万丈，此时却如此情绪消沉，不明就里，待问清原委后哈哈大笑，叫他不必就此下结论，不妨换一种方法再试试看。第二天，这位画家把同一幅画的另一件复制品拿到集市上，旁边仍然放上了一支笔。所不同的是，这次是让大家把觉得精彩的部分给指出来。到晚上回来，画面上所有地方同样密密麻麻地写满了各种夸奖的记号。青年画家这时才恍然大悟，在画坛上终有成就。所以，一个人永远无法满足所有人的口味，高明的厨师会引导大家跟着自己的感觉走，而不是让自己跟着别人走。

不要太在意别人的话，别人不是我们的镜子。一个人活在别人的标准和眼光之中是一种被动，一种依附，更是一种悲哀。人为什么要活得那么累呢？人生本来就很短暂，真正属于自己的快乐更是不多，为什么不能为了自己完完全全、彻彻底底地活一次？为什么不让自己脱离建立在别人基础上的

参照系？……要知道属于你的，只是自己的生活而不是别人赐予的生活！

心中空明人自明

"善知识，莫闻吾说空，便即著空。第一莫著空，若空心静坐，即著无记空。"针对《坛经》中的这"虚空"一说不少禅师都做过解释，从谂禅师便是其中一位。从谂禅师曾经作过一首名为《鱼鼓颂》的诗偈，其偈中就暗含了对虚空的认识——

四大由来造化功，有声全贵里头空。

莫嫌不与凡夫说，只为宫商调不同。

这首《鱼鼓颂》是从谂禅师在回答众人提问后的即兴之作。偈中的"鱼鼓"是鱼形木鼓，寺院用以击之以诵经的法器。他的这首偈可以这样理解：一切事物都是由地、水、火、风"四大"物质和合而成，"鱼鼓"自然也不例外。只不过大自然对它情有独钟，"造化"更为精巧工致而已。"鱼鼓"有声，贵在内无。这个道理凡夫俗子是不明白的，因为他们观察事物和认识人生的方法与禅者有所差异，有如音律中的宫商不尽相同一般。

从谂禅师借此偈喻指参禅悟道也应与鱼鼓一样，全然在"空"字之中：心中空明，禅境顿生。

唐代太守李翱听说药山禅师的大名，就想见一见他的庐山真面目。李翱四处寻访、跋山涉水终于在一棵松树下见到了药山禅师。

李翱恭恭敬敬地提出自己的问题，没想到药山禅师眼睛没有离开手中的经卷，对他总是不理不睬。一向位高权重的李翱怎么能够忍受这种怠慢，于是打算拂袖而去："见面不如闻名。"这时药山禅师不紧不慢地开口了："为什么你相信别人的传言而不相信自己的眼睛呢？"

李翱悚然回头，拜问："请问什么是最根本的道理？"

药山禅师指一指天，再指一指地，然后问李翱："明白了吗？"

李翱老实回答:"不明白。"

药山禅师提示他:"云在青天水在瓶。"

李翱至此才明白,激动之下写道:"证得身形似鹤形,千株松下两函经。我来问道无余话,云在青天水在瓶!"

药山禅师实际上是提示李翱,只要保持像白云一样自如自在的境界,何处不能自由,何处不是解脱?然而,在这个日益繁杂的社会中,大多数人都变得焦躁不安、迷失了快乐。唯一可以改变这种状态的办法便是保持内心的空明,于静处细心体味生活的点滴,让生活还原本色。

老街上有一铁匠铺,铺里住着一位老铁匠。由于没人再需要他打制的铁器,现在他以卖拴狗的链子为生。

他的经营方式非常古老。人坐在门内,货物摆在门外,不吆喝,不还价,晚上也不收摊。无论什么时候从这儿经过,人们都会看到他在竹椅上躺着,微闭着眼,手里是一只半导体,旁边有一把紫砂壶。

他的生意也没有好坏之说。每天的收入正够他喝茶和吃饭。他老了,已不再需要多余的东西,因此他非常满足。

一天,一个古董商人从老街上经过,偶然间看到老铁匠身旁的那把紫砂壶,因为那把壶古朴雅致,紫黑如墨,有清代制壶名家戴振公的风格。他走过去,顺手端起那把壶。

壶嘴内有一记印章,果然是戴振公的。商人惊喜不已,因为戴振公在世界上有捏泥成金的美名,据说他的作品现在仅存三件:一件在美国纽约州立博物馆;一件在台湾故宫博物院;还有一件在泰国某位华侨手里,是他1995年在伦敦拍卖市场上,以六十万美元的拍卖价买下的。

古董商端着那把壶,想以十五万元的价格买下它,当他说出这个数字时,老铁匠先是一愣后又拒绝了,因为这把壶是他爷爷留下的,他们祖孙三代打铁时都喝这把壶里的水。

虽没卖壶,但古董商出现的那天,老铁匠有生以来第一次失眠了。这把壶他用了近六十年,并且一直以为是把普普通通的壶,现在竟有人要以十五万元的价钱买下它,他有点想不通。

过去他躺在椅子上喝水,都是闭着眼睛把壶放在小桌上,现在他总要

坐起来再看一眼,这,让他非常不舒服。特别让他不能容忍的是,当人们知道他有一把价值连城的茶壶后,总是拥破门,有的问还有没有其他的宝贝,有的甚至开始向他借钱,更有甚者,晚上也推他的门。他的生活被彻底打乱了,他不知该怎样处置这把壶。当那位商人带着三十万元现金,第二次登门的时候,老铁匠再也坐不住了。他招来左右邻居,拿起一把锤头,当众把那把紫砂壶砸了个粉碎。现在,老铁匠还在卖拴小狗的链子,据说今年他已经一百零一岁了。

老铁匠的内心随着茶壶的升值而波动不平起来了,生活中原本的宁静与安详被打破了,很显然这突如其来的"好运"并没有给老人带来快乐,相反老人的内心却承受着煎熬。在沉思之后,老人最终悟得了"虚空"的禅机。也是在老人举起锤头的那一刹那,他找回了原本属于自己的那份安详与宁静。

不管你选择了什么为"道",如果将其视为唯一重要之事而执着于此,就不是真正的"道"。唯有达到心中空无一物的境界,才是"悟道"。无论做什么,如果能以空明之心为之,一切都能轻而易举了。

拂去心头的妄念

"菩提本无树,明镜亦非台。本来无一物,何处惹尘埃。"六祖慧能禅师的这首诗偈是在听了别人口念神秀所作"身是菩提树"之偈有感而发的。慧能称"菩提本无树,明镜亦非台",主要在于打破修持中对身心的执着。神秀将染净、圣凡绝对地对立起来,要求人们"时时勤拂拭,莫使惹尘埃"。但在慧能看来,心生种种法生,心灭种种法灭,染净、圣凡关键在于自心一念,心生善端即为善,心生恶念即为恶。心性自然,本来清净。故云"本来无一物,何处惹尘埃"。

妄念,又称为"妄想"。例如,我们早晨睁眼,脑筋里不断想事情,种种念头、种种幻想、公事私事、人我是非、历经的陈年往事,就会像过电影一样一幕一幕地过去，又像奔流不息的瀑布，没有一分一秒停止。心中有很多割舍不下的事或物，那么妄念是很难被清除的。

从前有一位名叫金碧峰的高僧，他有很深的禅定功夫。他的禅定功夫已经达到无念的境界，只要一入定，任何人都找不到他。

有一天，皇帝送他一个紫金钵。他心里非常高兴欢喜，于是对钵起了贪爱之念。

一日，金碧峰的阳寿将尽，阎罗王便派了两个小鬼前来索命，可是任他们东寻西找，就是找不到金碧峰的魂魄！

俩小鬼不知道该怎么办。于是，去找"土地"帮忙，"土地"对小鬼说："金碧峰已经入定了，你们根本找不到他的。"

俩小鬼央求"土地"为他们出个主意帮帮他们，否则回去没法向阎罗王交差。

"土地"想一想说："金碧峰他什么都不爱，就爱他的紫金钵，如果你们想办法找到他的紫金钵，轻轻地弹三下，他自然就会出定。"

于是，两个小鬼东找西找，找到了紫金钵，轻轻地弹了三下。

当紫金钵一响，果然！金碧峰出定了！说："是谁在碰我的紫金钵。"

小鬼就说："你的阳寿尽了，现在请你到阎王爷那儿去报到。"

金碧峰心想："糟了！自己修行这么久，结果还是不能了脱生死，都是贪爱这个钵害的！"

于是，他就跟小鬼商量："我想请几分钟的假，去处理一点事情，处理完后，我马上就跟你们走。"

小鬼说："好吧！就给你几分钟。"

于是，金碧峰将紫金钵往地上一摔，砸得粉碎。然后，双腿一盘，又入定去了。这一回，任两个小鬼再怎么找，也找不到他了。

人的头脑犹如一个大容器，装进什么样的信息就储存什么样的信息。如果人通过各种信息渠道得到的都是暴力、色情、拜金主义及现实社会中的利益争斗，这些不良信息就会在人的大脑中产生各种妄念，而且这些妄念不会自生自灭，经过一段时间之后会逐渐形成固定的观念就长久地占据人的大脑。清除妄念的最好方法就是大量接受真诚、善良、宽容等良性信

息，以人的正念取代头脑中的妄念与邪念，其他任何人为的强制方法都难以消除思想中的妄念。

佛陀带领众弟子云游四方十年后，回到了山上寺院前的一块草地上。佛陀说："十年云游，你们一定增长了许多见识。现在师父给你们上最后一课。你们看，旷野里有什么？"

众弟子一听，都笑了，齐声说："旷野里长满杂草。"

佛陀又问："你们该怎样除掉这些杂草？"弟子们很惊讶，他们没想到师傅会问这么简单的问题。

第一个弟子说："师父，只要有一把铲子就够了。"佛陀点点头。

第二个弟子说："师父，用火烧。"佛陀笑了一下。

第三个弟子说："师父，在草上撒上石灰。"

第四个弟子说："把草根挖出来，斩草除根就行了。"

待所有弟子们都说完了，佛陀告诉大家："今天的课就上到这里。明天你们下山，按照你们自己的说法去除草。一年后再回来。"

一年后，弟子们都回来了。不过原来他们坐的地方已经不再是杂草丛生，它变成了一片长满庄稼的田地。这时，佛陀说："今天我给你们补上这最后一课。要想除掉杂草，方法只有一种：那就是在上面种上庄稼。同样，要想让心灵不荒芜，唯一的方法就是修养自己的美德。"

对待妄念，我们要记住两个词：一个是"不忘"，另一个为"不起"。不忘"见宗自相光明"，不起"遮遣、成立、取舍"等心，这是最最重要的。这样，妄念突起时，不压制它、不随它跑，不产生任何爱憎、取舍之心，才能感悟到逍遥人生。

心无挂碍，日日都是好时节

在《坛经》中，慧能禅师曾一语道破"风动"与"幡动"的本质皆为"心动"。内心空明、不被外界所扰，这是坐禅者应该达到的基本境界，也是人们行事处世的快乐之本。

佛眼禅师曾作过一首名为《无题》的诗偈，正好诠释了慧能禅师的意思——

春有百花秋有月，夏有凉风冬有雪。

若无闲事挂心头，便是人间好时节。

此偈的首两句描写大自然的景致：春花秋月，夏风冬雪，皆是人间胜景，令人赏心悦目，心旷神怡。然而禅师将话锋一转又说，世间偏偏有人不能欣赏当下拥有的美好，而是怨春悲秋，厌夏畏冬，或者是夏天里渴望冬日的白雪，而在冬日里又向往夏天的丽日，永无顺心遂意的时候。这是因为总有"闲事挂心头"，纠缠于琐碎的尘事，从而迷失了自我。只要放下一切，欣赏四季独具的情趣和韵味，用敏锐的心去感悟体会，不让烦恼和成见梗住心头，便随时随地可以体悟到"人间好时节"的佳境禅趣。

一个无名僧人，苦苦寻觅开悟之道却一无所得。这天他路过酒楼，鞋带开了。就在他整理鞋带的时候，偶然听到楼上歌女吟唱道："你既无心我也休……"刹那之间恍然大悟。于是和尚自称"歌楼和尚"。

"你既无心我也休"，在歌女唱来不过是失意恋人无奈的安慰：你既然对我没有感情，我也就从此不再挂念。虽然唱者无心，但是无妨听者有意。在求道多年未果的和尚听来，"你既无心我也休"却别有滋味。在他看来，所谓"你"意味着无可奈何的内心烦恼，看似汹涌澎湃，实际上却是虚幻不实，根本就是"无心"。既然烦恼是虚幻，那么何必去寻找去除烦恼的方法呢？

只要我们正在经历生活，就免不了会有一些事情占据在心间挥之不去，让我们吃不下、睡不着，然而这些事情却并非那些重要而让我们非装着不可的事情，只是我们忧人自扰罢了。

有一位成功的商人，虽然赚了几百万美元，但他似乎从来未曾轻松过。

他下班回到家里，刚刚踏入餐厅中。餐厅中的家具都是胡桃木做的，十分华丽，有一张大餐桌和六把椅子，但他根本没去注意它们。他在餐桌前坐下来，但心情十分烦躁不安，于是他又站了起来，在房间里走来走

善心做人 凡心做事
—— 善心是对人生的奖赏
凡心是获得幸福的源泉
ShanXin ZuoRen
FanXin ZuoShi

去。他心不在焉地敲敲桌面，差点被椅子绊倒。

他的妻子这时候走了进来，在餐桌前坐下。他说声你好，一面用手敲桌面，直到一个仆人把晚餐端上来为止。他很快地把东西一一吞下，他的两只手就像两把铲子，不断把眼前的晚餐一一铲进口中。

吃过晚餐，他立刻起身走进起居室去。起居室装饰得富丽堂皇，意大利真皮大沙发，地板铺着土耳其的手织地毯，墙上挂着名画。他把自己投进一把椅子中，几乎在同一时刻拿起一份报纸。他匆忙地翻了几页，急急瞄了瞄大字标题，然后，把报纸丢到地上，拿起一支雪茄。他一口咬掉雪茄的头部，点燃后吸了两口，便把它放到烟灰缸去。

他不知道自己该怎么办。他突然跳了起来，走到电视机前，打开电视机。等到画面出现时，又很不耐烦地把它关掉。他大步走到客厅的衣架前，抓起他的帽子和外衣，走到屋外散步。他持续这样的动作已有好几百次了。他在事业上虽然十分成功，但却一直未学会如何放松自己。他是位紧张的生意人，并且常常放不下公司里的那些琐碎事情。他没有经济上的问题，他的家是室内装饰师的梦想，他拥有四部汽车，但他却无法放松自己。为了争取成功与地位，他已经付出了自己全部的时间去获得物质上的成就，然而，在他拼命工作、拼命赚钱的过程中，却迷失了自己。

假如我们能够适时地将心中的那些烦心琐事抛开，解放迷茫的内心世界，就能找回在生活中迷失的自我。

投入生活，就会受到来自于诸多方面烦恼的干扰，常常令我们身心疲惫、痛苦不堪，然而心病还需心药医，只有我们从内心摆脱这些烦恼的束缚、将它们全部抛开，才能让心灵得到真正的轻松。

第三章

无怨无敌
好脾气好人生

嗔怒，对人有百害而无一利，首先它对人的生理有伤害，现代医学证明：生气会导致人的血压非正常升高，燃烧筋骨里的脂肪，致使排泄困难。其次，嗔怒，难免也会对别人造成伤害，这种伤害一旦形成将很难消除，时间久了，容易到处树敌，使自己处于孤立的状态。无论何时何地，以平常心泰然处之，遇事不嗔不怒，体谅他人，善待自己。做人做事如能达到这种境界，你就能在俗世的纷纷扰扰中体味到人生幸福的真谛。

平常心是道

宋代一位高僧宗杲禅师曾经作过这样一首诗偈：
劝君不用苦劳神，唤作平常转不亲。
冷淡全然没滋味，一回举起一回新。

宗杲禅师的这首诗偈，里里外外无不透露出一种平常心，这种平常心既是一种生活态度，也是一种处世之道，更是一种寻求心灵平静的方法。"一回举起一回新"，这意思有点像人们常说的"太阳每天都会升起，每天都是新生的"一般，让我们不要太在意每一次的得与失——不要停留在过去的喜悦或者悲哀之中。

在《景德传灯录》中有这样一则公案，说的便是关于平常心的。

从谂禅师问南泉普愿禅师："什么是道？"

普愿禅师答："平常心是道。"

从谂禅师又问："可以趋向于道吗？"

普愿禅师说："一考虑趋向就错了。"

从谂禅师接着问："不考虑怎知是道？"

普愿禅师说："道无所谓知或不知。知是虚妄幻觉，不知则不可断定为善还是为恶。如果真正达到了不疑之道，就像虚空一样的空旷开阔，怎么可以强作评说呢？"

从谂禅师当即便领悟了。

平常心是道，仅仅做到了不贪、不嗔、不喜、不悲是不够的，若我们能将心中那些恶念、那些虚幻的东西，如风吹散云彩一样全部驱散，我们的心灵便不会被外界所困扰，产生这样或那样的奢望与恐惧，才是见到一颗存在于我们本性里的平常心。

事实上，事事平常，事事又不平常。平常心，实不平——平常心并非是让我们事事漠不关心、对诸事不闻不问，而应该将其化作一种积极向上的力，犹如拨开云雾看到太阳一般，转换那些消极的心态化为积极向前的驱动力——在危险面前，平常心就是勇敢；在利诱面前，平常心就是纯洁；在纷乱复杂的环境面前，平常心就是保持清醒智慧；在紧急的关头，平常心就是沉着地分析与应对；在荣誉面前，平常心就是谦虚；在诋毁面前，平常心就是自信……

相反，如果人们一旦失去了这颗平常心，则会怨天尤人、自暴自弃——对于别人的成功常常认为是"小人得志"；对于自己的不得志，却总认为自己是生不逢时。

平常心藏于每个人的本性之中，只是一些人的平常心被心中的"迷雾"所遮挡，无法见"光"而已；那些能够积极人生、快意生活的人，总能将这颗本性中的平常心挖掘出来，认真体会好好感悟，故而他们无忧无虑。

以平常心观不平常事，则事事平常。平常心并非"四大皆空"，平常心更不是消极遁世；平常心是一种境界、一种积极人生。平常心是道，是一种不以物喜、不以己忧，无时不乐、无怨无忧的道。

天堂与地狱

武士信重向白隐禅师请教："真的有天堂和地狱吗？"

白隐问他："你是做什么的？"

"我是一名武士！"

"什么样的主人会要你做他的门客？看你的面孔，犹如乞丐！"白隐说。

信重非常愤怒，按住剑柄，作势欲拔。

"哦，你有一把剑，但是你的武器也太钝了，根本砍不下我的脑袋。"

白隐毫不在意地继续说。

信重被激得当真拔出剑来。

"地狱之门由此打开。"白隐缓缓说道。

信重心中一震，当下有所悟，遂收起剑向白隐深深鞠了一躬。

"天堂之门由此敞开。"白隐欣然而道。

白隐的意思很明白：天堂与地狱只有一线之隔。愤怒和暴躁的情绪常常引人走入地狱，而安详、平静的情绪却可以将人送入天堂。人的心世一旦被负面因素所影响，那这个人就可能成为魔鬼，反之，即可能成为圣人。生活中我们很可能遭遇太多的不愉快，甚至是不幸，这时的你会怎么办？任不满和怨愤喷薄而出，还是恬淡隐忍，视有若无、全不在意？

自然，我们是凡人，倘若让我们完全忽视心中的喜怒哀乐，似乎只是天方夜谭，但随着年龄的增长，阅历的丰富，我们应该在边走边悟中，体会出心性对于我们自身的影响。学会克制自己的负面情绪，而不应让那些负面情绪左右我们。

真正伟大的人往往能主宰自己的性情，统治自己的心灵。他们善于管理自己的情绪，能消除焦躁、愤怒，解除烦闷。

人应该能像调节水温一样调整自己的思想，在水太热的时候就要把冷水管的龙头打开。如果在怒气填膺的时候，立刻转到友爱和平的思想上，这样怒气自然就消除了。有了友爱的思想，仇恨便不会存在。有了爱人如己的思想，便会消除妒忌和报复的恶念。

大部分人不知道以善美的思想来替代恶念，他们认为只要把恶念驱逐了就可以了，他们不知道，用善美的思想来驱逐恶念将更加有效。

人们无法驱逐屋里的黑暗，然而，只要让光亮进来，黑暗便自然消失了。

人的身体由十二种不同的细胞组成，如脑细胞、骨细胞、肌肉细胞等。而健康全赖于各种细胞的健全。身体上的无数细胞，都有着密切的联系。有害于一个细胞的，就有害于全身的细胞，有益于一个细胞的，也就有益于全身的细胞。每个细胞健康与否都与人的思想有非常密切的关系。

生理学家的实验表明，一切邪恶的思想皆有损于人身的细胞。由于愤怒而使神经系统受到的损伤，有时要花费很长时间才能恢复原状。无数的实验证明，一切健全、愉悦、和谐、友爱的思想，都有益于全身的细胞，有益于增进细胞的活力。至于那些相反的思想，如偏激、绝望、悲伤等，都有损细胞的活力。

科斯教授做了一个实验，证明愤怒和忧郁的情感有损于身体的和谐；而快乐的情感有滋养细胞和再生细胞的力量。

科斯教授说："不良的情感，对于人体的肌肉，有着相应的化学作用。良好的情感对人生有着全面的有益的影响。脑神经中的每一个思想，都因细胞的组织而更改，而这更改是属于永久的。"

消极的思想要由健康的思想、积极的思想来肃清。偏激、悲观、不和谐都是思想的病症，而只有真实、美满、乐观的思想，才会提高人生的价值。一旦一个人有了健康的思想，那不健康的思想便无立足之地，因为健康的思想和不健康的思想是势不两立、水火不容的。

我们不能改变客观世界的时候就应该学会改变主观世界。在受到外界刺激时，不要轻易举起"屠刀"。要知道当你举起屠刀的那一刻，你首先杀戮的是你自己。

天堂与地狱的区别只在你的一念之间。所以不要轻易动怒，任何时候都善于保持一种平和的心性是一个人步入人生禅境的第一步。

善意的微笑

斯坦哈德结婚已有十八年了，这么多年来，从他起床到离开家这段时间内，他很难对自己的太太露出一丝微笑，也很少说上几句话。家里的气氛很沉闷。

他决定改变这种状况。一天早晨他梳头时，从镜子里看到自己那张绷得紧紧的面孔，他就对自己说：比尔，你今天必须要把你那张凝结得像石

善心做人 凡心做事

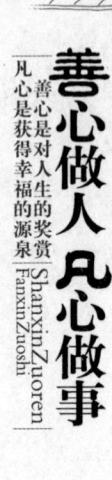

善心是对人生的奖赏
凡心是获得幸福的源泉

ShanXinZuoren
FanxinZuoshi

膏像的脸松开来,你要展露出一副笑容来,就从现在开始。坐下来吃早餐的时候,他脸上有了一副轻松的笑意,他向太太打招呼:亲爱的,早!

太太的反应是惊人的,她完全愣住了,可以想象到,那是出乎她意想不到的高兴,斯坦哈德告诉她以后都会这样。从那以后,他们家庭的生活完全变样了。

现在斯坦哈德去办公室,会对电梯员微笑着说:你早!去柜台换钱时,对里面的伙计,他脸上也带着笑容。他在交易所里时,对那些素昧平生的人,他的脸上也带着一缕笑容。

不久他就发现每一个人见到他时,都向他投之一笑。对那些来向他道"苦经"的人,他以关心的、和悦的态度听他们诉苦。而无形中他们所认为苦恼的事,变得容易解决了。微笑给他带来了很多很多的财富。

斯坦哈德和另外一个经纪人合用一间办公室,他雇用了一个职员,是个可爱的年轻人,那年轻人渐渐地对他有了好感。斯坦哈德对自己所得到的成就,感到得意而自傲,所以他对那年轻人提到"人际关系学"。那年轻人这样告诉斯坦哈德,他初来这间办公室时,认为他是一个脾气极坏的人。而最近一段时间,他的看法已彻底地改变过来。他夸斯坦哈德微笑的时候很有人情味!

斯坦哈德也改掉了经常批评人的习惯,把斥责人家的话换成赞赏和鼓励。他再也不讲我需要什么,而是尽量去接受别人的观点。这些事真实地改变了他原有的生活,现在斯坦哈德是一个跟过去完全不同的人了,一个更快乐、更充实的人。因拥有友谊和快乐而更加充实。微笑可以改变我们的面貌,让我们到处受到欢迎。当我们微笑的时候,我们的精神状态最为轻松,心理状态也就相对地稳定;充满着善意的微笑能够让对方感受到我们的亲切和喜悦,受到快乐情绪的感染,自然而然地,我们就赢得了更多的朋友和快乐。

心定则事定

我国古代大文豪苏东坡一向认为自己的定力很高,很是得意,他写了一首诗偈,说:

稽首天中天,毫光照大千。

八风吹不动,端坐紫金莲。

苏东坡自我欣赏一番,然后派仆人划船过江,送给佛印和尚观赏。不料,佛印接过一看,立即把诗偈掷地,还骂了一句:"狗屁不通!"

仆人回去和苏东坡一说,苏东坡气得直吹胡子,马上过江来找佛印理论。

苏东坡来到佛印住地,老远就嚷道:"佛印,刚才我派人送诗偈请教,若有不妥之处,只管明白开示,何故出言不逊,说我狗屁不通呢?"

佛印笑着问他:"你不是说'八风吹不动'吗?为何我只放了一个屁,你就坐不住了,急着过江来找我算账呢?"

苏东坡一听,这才恍然大悟,心想:"我自视定力不错,故言八风吹不动,端坐紫金莲。哪知让这和尚轻轻一扇,自己就沉不住气了,我的定力何在呢?"苏东坡忍不住笑了,只好打趣自嘲:"只说八风吹不动,谁知一屁过江来……"

看来,这位大文学家虽写得锦绣文章,心理承受能力还是差些,一有风吹草动,定力全无。

留意你身边的人和事,许多时候你会发现,有些人真可谓是机关算尽太聪明,凭着那么聪明的头脑,干一番惊天动地的大事业绝对是游刃有余。然而,他们并没有像我们预想的那样,事业有成,反而总是在生活中屡屡受挫,最后空负了一身才华。原因何在?心无定力。

利特尔公司是世界上著名的科技咨询公司。它的前身是其创始人利特

尔 1886 年创立的一个小小的化学实验室，创立之初鲜为人知，丝毫也不引人注目。

1921 年的一天，在许多企业家参加的一次集会上，一位大亨高谈阔论，否定科学的作用。而一向崇信科学的利特尔带着轻蔑的微笑，平静地向这位大亨解释科学对企业生产的重要作用。

这位大亨听后，不屑一顾，还嘲讽了利特尔一番，最后他挑衅地说："我的钱太多了，现有的钱袋已经不够用了，想找用猪耳朵做的丝钱袋来装。或许你的科学能帮个忙，如果做成这样的钱袋，大家都会把你当科学家的。"说完，哈哈大笑。聪明的利特尔怎么会听不出大亨的弦外之音呢？他气得嘴唇直抖，但还是抑制住自己，非常谦虚地说："谢谢你的指点。"因为利特尔感到这是一个千载难逢的大好机会。其后的一段时间里，市场上的猪耳朵被利特尔公司暗中收购一空。购回的猪耳朵被利特尔公司的化学家分解成胶质和纤维组织，然后又把这些物质制成可纺纤维，再纺成丝线，并染上各种美丽颜色，最后编织成五光十色的丝钱袋。这种钱袋投放市场后，顿时一抢而空。

"用猪耳朵制丝钱袋"，这个荒诞不经的恶意挑衅被粉碎了。那些不相信科学是企业的翅膀，从而也看不起利特尔的人，不得不对利特尔刮目相看。

利特尔公司因此名声大振。面对挑衅，利特尔忍受轻蔑，"虚心"接受指点；不大吵大闹、争执强辩，也不义正词严地加以驳斥，他不露声色，暗中准备，将猪耳朵制成丝钱袋，从而一举成名。

利特尔的成功告诉我们一个不争的事实：一个人的成功不仅仅需要智慧，而且需要定力，假如激烈地反驳和争论可以解决问题，那么，这个世界也就无须我们用实际行动来证明什么了。但是，生活的禅机告诉我们事实才是证明一切的最终衡量尺度。所以，我们长了一张嘴，却长了两只眼睛，两只手。

与人做毫无意义的争论，甚至是气急败坏的争吵于你无益，同时也显出你的肤浅与无知。那些得道的禅师任何时候都不会与人做毫无意义的争论。而且，他们总能以自己的禅智点化那些无知的人们。即使他们所面临的是生死大限也不会面露惧色。那份从容，那种淡定是经过了生活的磨炼和对人生的深刻领悟所获得的。

我们都需要被放置在生活的风刀雨剑下打磨。从一个不成熟的人向成熟的人转变。走过人生的每一次风雨都应该有所收获，即使达不到禅师们的那种高深的禅境，也应该让自己有一些定力。心定才能事定，否则，你只能白白枉费这一生的好时光。

无定力就无成功可言，任何时候都能保持头脑清醒冷静，是一切胜利的先决条件。

从小事中磨炼心性

一位老妇人脾气十分怪癖，经常为一些无关紧要的小事大发雷霆，而且生气的时候说话很刻毒，常常无意中伤害了很多人。因此，她与周围的人都相处的不太和谐。她也很清楚自己的脾气不好，也很想改，可是火气上来时，她就是没有办法控制自己。

一次，朋友告诉她："附近有一位得道高僧，为什么不去找他为你指点迷津呢？说不定他可以帮你。"她觉得有点道理，于是就抱着试一试的态度去找那位高僧了。

当她向高僧诉说自己的心事时，态度十分恳切，强烈地渴望能从高僧那儿得到一些启示。高僧默默地听她诉说，等她说完，就带她来到一间禅房，然后锁上门，一言不发地离去了。

这位老妇人本想从禅师那里得到一些启示的话，可是没有想到禅师却把她关在又冷又黑的禅房里。她气得直跳脚，并且破口大骂，但是无论她怎么骂，禅师都不理睬她。老妇人实在受不了了，于是开始哀求禅师放了她，可是禅师仍然无动于衷，任由她自己说个不停。

过了很久，禅师终于听不到房间里的声音了，于是就在门外问："你

还生气吗?"

老妇人恶狠狠地回答道:"我只是生自己的气,很后悔自己听信别人的话,干嘛没事找事地来到这种鬼地方找你帮忙。"

禅师听完,说道:"你连自己都不肯原谅,怎么会原谅别人呢?"说完转身就走了。

过了一会儿,禅师又问:"还生气吗?"

老妇人说:"不生气了。"

"为什么不生气了呢?"

"我生气又有什么用?还不是被你关在这又冷又黑的禅房里吗?"

禅师有点担心地说:"其实这样会更可怕,因为你把气全部积压在了一起,一旦爆发会比以前更强烈。"于是又转身离去了。

等到第三次禅师来问她的时候,老妇人说:"我不生气了,因为你不值得我生气。"

"你生气的根还在,你还是不能从气的漩涡中摆脱出来!"禅师说道。

又过了很久,老妇人主动问禅师:"大师,您能告诉我气是什么吗?"

高僧还是不说话,只是看似无意地将手中的茶水倒在地上。老妇人终于明白:原来,自己不气,哪里来的气?心地透明,了无一物,何气之有?

心里没有气,还怎么会生气呢?其实生气不仅我们自己痛苦,身边的人也跟着一起痛苦;生气时口无遮拦,什么都说,有些话会深深刺痛爱我们、关心我们的人。

也许大家都听过"钉子的故事":

一个男孩脾气很坏,他的父亲给了他一袋钉子,并且告诉他,每当他发脾气的时候就钉一根钉子在后院的围篱上。

第一天,这个男孩钉下了四十根钉子;渐渐地每天钉下的钉子数量减少了,他也慢慢地发现控制自己的脾气要比钉下那些钉子来得容易些。

终于有一天,这个男孩再也不乱发脾气了。

父亲又告诉他,从现在开始,每当他能控制自己脾气的时候,就拔出一根钉子。

日子一天天地过去了，最后男孩告诉他的父亲，他终于把所有钉子都拔出来了。

父亲拉着他的手来到后院，说："你做得很好，我的孩子。但是看看那些围篱上的洞，这些围篱将永远不能恢复成从前的样子了。你生气的时候说的话，将像这些钉子一样留下疤痕。如果你拿刀子捅别人一刀，不管你说多少次对不起，那个伤口将永远存在。话语的伤痛就像真实的伤痛一样令人无法承受。"

男孩终于明白了父亲的良苦用意，从此之后脾气变得很好，待人处事都很温和、宽容。

所以佛祖告诫我们："嗔心一起，于人无益，于己有损；轻亦心意烦躁，重则肝目受伤。"

所以，害人害己的事我们何必去做？只为生活中所遇的一点小事就大发雷霆，那是愚人的行为。

我们不能做一个聪明人，但至少不要去做一个愚人。把生活中不如意的一些小事看得淡一点，并能在静观中有所收益，悟得生活中的种种禅机，我们就不会活得太累，活得不开心。

常行一直心

六祖慧能在《坛经》中曾经提到过"常行一直心"，禅宗运用此语意为指导人们学会常用一种没有是非、区别的心去对待诸事诸物，那样便不会因"大事"的到来而提心吊胆、惴惴不安了。

皎然禅师对此深有感悟，这点感悟来自于他所作的诗偈《山居示灵澈上人》——

晴明路出山初暖，行踏春芜看茗归。

乍削柳枝聊代札，时窥云影学裁衣。

善心做人 凡心做事

善心，是对人生的奖赏
凡心，是获得幸福的源泉

身闲始觉骎名是，新寮方知苦行非。
外物寂中谁似我，松声草色共无机。

偈中的"芁"，意为丛生的草；"茗"，是茶的通称；"骎名"，指隐姓埋名；"苦行"，则为宗教徒修行的一种方法；"外物"，谓超脱于物欲之外；"无机"，无机巧之心。

此偈实写作者对春天的感受，但文中却处处流露着清静寂定的禅机。这种清静寂定的心态，完全来源于惠能禅师所提到的"一直心"。

生活中，人们总是不能摆脱这样或那样事情的束缚，因此面对众多的突如其来的"大事"、"烦心事"，大多数人不但不知该如何应对，有时还会背上沉重的心理负担，这样对身体和心理健康都是不利的。

适时地放松心态，从容地看待那些"大事"，用一种做"小事"的心态去面对、去处理，不但我们的身心会得到放松，"大事"同样会变为"小菜一碟儿"。

我国著名保健专家洪昭光教授是一位掌握了多门学科理论的医学家。他对健康人生有着深刻的见解。他认为：人表面看起来，高矮差不多，胖瘦也差不多，其实人和人有天壤之别。比如说人生吧，风风雨雨，每个人都会遇到生气着急不痛快的事儿，但是结果各异，原因就在于能否做到"一直心"。

洪昭光教授的病人中有这么一个六十多岁的老头儿，大半辈子身体硬朗、没病没灾的。但是有一天他家遇到事儿了：他大儿子骑自行车从胡同里出去一拐弯，正好与对面开来的一辆大卡车相撞，把脖子撞断了，高位截瘫。他赶到医院时儿子正抢救：身上插着七八根管子，从鼻子一直到尿管，还有胳膊上、腿上到处都是。

老人这下犯了愁：他儿子才二十五岁，正准备结婚，医生告诉他儿子将高位截瘫，今后大便小便都成问题，别说结婚、工作不成了，就连生活以后一辈子都得要人伺候。医药费三天一万块钱，今后一辈子怎么办呢？

老头儿从医院回去之后就挺不住了，没过几天就吃不下饭，水都喝不下了。后来到医院拍了个片，查出是食道癌，喉管都堵死了。结果在开刀后发现胃里还有两个癌瘤。三个月前还很健康，压力一来就忧虑，三个月内两个部位三个癌，手术以后还是忧虑重重，结果比儿子死得还早。对他来说压力造成了癌症。

事实上，大部分人的身体机能都是大同小异的，有很多情况下人们得病关键还在于"心"——有的人遇到点事儿就受不了、生闷气、干着急，那病准找上他；有的人遇到"大事"依然乐观处之，这样的人即便有病也不会一蹶不振，甚至还会有医学奇迹发生。

人的经历不同，承受能力不同，面对压力的处置方式也不同。倘若能够深刻领悟六祖慧能的"一直心"，就会排解许多的心理压力，活得比别人轻快开心很多。

"一直心"的智慧，不仅仅表现在人们面对巨大压力时，在更多的时候表现在得失观上，如果我们能够保持一种冷眼观得失的心境，那便真正做到了"常行一直心"。

《孔子家语》里记载：有一天楚王出游，遗失了他的弓，下面的人要去找，楚王说："不必了，我掉的弓，我的人民会捡到，反正都是楚国人得到，又何必去找呢？"孔子听到这件事，感慨地说："可惜楚王的心还是不够大啊！为什么不讲人掉了弓，自然有人捡得，又何必计较是不是楚国人呢？"

"人遗弓，人得之"应该是对得失最豁达的看法了。就常情而言，人们在得到一些利益的时候，大都喜不自胜，得意之色溢于言表；而在失去一些利益的时候，自然会沮丧懊恼，心中愤愤不平，失意之色流露于外。但是对于那些志趣高雅的人来说，他们在生活中能"不以物喜，不以己悲"，并不把个人的得失放在心上。他们面对得失心平气和、冷静以对。

当我们在得与失之间徘徊的时候，只要还有抉择的权利，那么，我们就应当"常行一直心"，以一种平常心的心境去思考得失、去衡量利弊，心里便不会再产生那么多的苦恼与惆怅了。

"一直心"的智慧告诫我们，对待万事万物应该抱有一颗"不以物喜，不以己悲"的平常心。运用这颗平常心去观察、去做事，便能缓解心中的压力、抚平患得患失的大喜与大悲。

"摩诃"的力量

凡是对佛学有点研究的人都会听说过"摩诃",那么何为"摩诃"呢?《坛经》给了我们一个明确的解释——"摩诃是大,心量广大,犹如虚空,无有边畔,亦无方圆大小,亦非青黄赤白,亦无上下长短,亦无嗔无喜,无是无非,无善无恶,无有头尾。"

若想通过修行达到"摩诃"的境界,首先就要丢掉意念中的自我,无法战胜自我的人是根本达不到"摩诃"境界的。

菩提达摩慕名前往拜见梁武帝,不想在那里失望而归。于是,渡过长江来到河南少室山,找了个山洞打坐面壁。那么达摩祖师在那里仅仅是面壁打坐吗?不,实际上他是在等待,天才的老师在等待天才的学生出现。

多年以后的一个冬天,下着大雪,有个年轻僧人来求教达摩。不过当他看到达摩,却不知该如何说起,只好默默地站在漫天大雪之中,静静沉思。

当积雪已经没过他的膝盖,菩提达摩慢慢转过身:"你来干什么?"

年轻人回答:"我的心无法安宁,请老师您使它平静。"

"好,你把心拿来,我就会使它平静。"达摩提出一个奇怪的要求。

年轻人反思自己,试图寻找无法安宁的内心究竟在哪里,但是过了好久都没有找到:"老师,我找不到自己的心。"

"既然你找不到自己的心,"达摩说,"那么我已经使你的心平静了。"

年轻僧人恍然大悟,而这个年轻僧人正是达摩祖师要等待的学生——慧可。

慧可之所以不能"心安",原因在于他内心有个"我"在。如果人只专注自我,那么他的内心就不可能获得平静。

现今社会人们越来越注重自我,对于摆脱外在束缚固然是好事。但是如果过分以自我为中心,那么内心的束缚将会带来更多的烦恼。如果,能做到心胸像天空一样宽广，那么偶然的烦恼就像朵朵白云，根本不会妨碍内心的空灵。

一位老和尚门下有两名徒弟。

一日饭后，老和尚的小徒弟在洗碗，失手打破了一只碗。大徒弟幸灾乐祸地跑到老和尚的禅房去汇报："师父，师弟刚刚打破了一只碗。"

老和尚手捻佛珠，双眼微闭，说道："我相信你永远都不会打破碗的！"

宽广的胸怀是一种爱，更是一种智慧。它能够化解一切的愁苦烦恼，能够让别人愉悦，自己快乐。

十八世纪的法国科学家普鲁斯特和贝索勒是一对论敌，他们关于定比这一定律争论了九年之久，各执一词，谁也不让谁，最后的结果，以普鲁斯特的胜利而告终，普鲁斯特成了定比这一科学定律的发现者。普鲁斯特并未因此而得意忘形，据大功为己有。他真诚地对曾经激烈反对过他的论敌贝索勒说："要不是你一次次的质疑，我是很难把定比定律深入研究下去的。"同时，他特别向公众宣告，发现定比定律，贝索勒有一半的功劳。

这就是"摩诃"——允许别人反对，并不计较别人的态度，而充分看待别人的长处，并吸收其营养。人生中不尽如人意、烦恼、忧愁，甚至让我们恼怒、无法容忍的事情比比皆是，唯有用"摩诃"的力量将其化解才能达到圆满。

宁起百千贪心，不起一嗔恚

贪、嗔、痴、慢、疑，是世人受"苦"的根因，这五毒就像是潜藏于内心深处的五个心魔，这里我们重点说一说"嗔"。

嗔，即是怒火中烧。凡是遇到不如意的事情，世人总是会发脾气、不高兴，它是障道之祸首，所以经书上说"宁起百千贪心，不起一嗔恚"。

嗔怒，是一种极为强烈的情绪，有嗔怒习性的人，就像胸中有一股怒火，随时都准备爆发。

古时有一个久战沙场的将军，他厌倦战争，专程到大慧宗杲禅师处要求出家。

他向宗杲禅师说："禅师！我现在已看破红尘，请禅师慈悲收留我出家，让我做你的弟子吧！"

宗杲禅师说："你有家庭，有太重的社会习气，你还不能出家，慢慢再说吧！"

将军说："禅师！我现在什么都放得下，妻子、儿女、家庭都不是问题，请您即刻为我剃度吧！"

宗杲禅师还是说："慢慢再说吧！"

将军无法，第二天起了个大早，到寺里礼佛，大慧宗杲禅师一见到他便说："将军为什么这么早就来拜佛呢？"

这位将军用禅语诗偈说道："为除心头火，起早礼师尊。"

禅师也开玩笑地用偈语回道："起得那么早，不怕妻偷人？"

将军一听，非常生气，骂道："你这老怪物，讲话太伤人！"

大慧宗杲禅师哈哈一笑道："轻轻一拨扇，性火又燃烧，如此暴躁气，怎算放得下？"

除却心头之火，不是嘴巴说放下就能放下的，"说时似悟，对境生迷"。习气也不是说改就能改的，别人轻轻一点怒火又起，其实是心未净。

嗔心不除，休言四禅八定。所谓火烧功德林，就是指人发脾气，便起了嗔恚之火，就把所有的功德都烧光了；除此之外，愤怒往往会波及他人、伤害他人。

小玲是一个人见人爱的小女孩。一天，小玲的妈妈发现钱包里少了一百元，遍寻不着，就很生气地质问丈夫，是不是他拿去赌博了。爸爸坚决否认，于是他们大吵了一架。

隔了一天，小玲的爸爸下班后去保姆家接小玲回家。一进保姆家，就听到保姆说："今天我帮小玲洗衣服时，发现她的口袋里有一张一百元的钞票，但已经洗湿了，我把那张钞票摊开来晒了……"

爸爸还没等保姆说完,就怒不可遏地对着小玲"啪!啪!"地打了两个耳光,并骂道:"这么小,就敢偷钱,害得我和你妈吵了一架!以后看你还敢不敢偷钱?"

小玲可爱的小脸蛋被爸爸重重一打,顿时红了起来,嘴角还流血了,她不明白爸爸为什么打她,只知道很痛,就哭了。

"你不用回去了!我们家没有你这种会偷钱的小孩!"小玲的爸爸极为愤怒地抛下这句话,掉头就走了!

后来,小玲的妈妈听到消息,急忙跑来了。

"唉呀,你先生也真是的,怎么打小孩出手这么重,把女儿的脸都打红了!小玲这么可爱、这么乖,她怎么会去'偷钱'?一百元钞票对她来讲,根本就是没有意义的一张'彩色纸'而已,平常她比较喜欢一元的硬币。一元硬币她还可以拿到菜市场去骑电动马!"保姆很心疼地说。

妈妈仔细一想,三四岁的小女孩怎么会"偷钱"呢?大概是小玲在家玩钱包时,抽出了百元大钞,玩啊玩,而把钞票揉成一团,最后无意识地放进了口袋里。

两三天后,妈妈发现小玲经常哭闹,而且反应比较迟钝,就抱着她去看医生。检查过后,医生告诉她:"小玲的耳膜破裂,一只耳朵全聋,另一只耳朵半聋!"

这简直就是晴天霹雳!

"以后的小玲一只耳朵要戴助听器才能听得见;另一只耳朵全聋,完全听不见了,所以身体的平衡感会很差,你要多注意她、照顾她!"医生又说。

原本活泼可爱的小玲,就这样被毁了,爸爸愤怒的两巴掌造成了女儿一生的不幸,伤害已经造成,再多的懊恼、悔恨,也于事无补!

"我为什么要如此冲动?"这成了小玲爸爸心中永远的痛!

人在愤怒时,常常难以自制,一旦失手,就是一生无法弥补的遗憾!所以,富兰克林说:"愤怒起于愚昧,终于悔恨。"

真正有智慧的人、有觉悟的人,即使身处逆境,也决不会燃烧自己的功德,更不会不问青红皂白就发脾气。要修忍辱。能忍,尔后才有定;能

定,尔后才有慧。通俗地说,就是提高情绪自制力,让激动和盛怒降温,直至彻底消失。

心净则嗔灭,这本身即是无量之功德;远离嗔火,莫因一时之嗔让悔恨与遗憾缠绕一生。

荣辱面前看修养

人,大多数有名利之心,与人争,与事争。如果能与人无争则人安,与事无争则事安;人、事皆无争,则世界亦安。

《四十二章经》说:"沙门问佛:何者多力?何者最明?佛言:忍辱多力,不怀恶故,兼加安健,忍者无恶,必为人尊。心垢灭尽,净无瑕秽,是为最明。未有天地,逮于今日,十方所有,无有不见,无有不知,无有不闻,得一切智,可谓明矣。"《摄论》卷二也说:"又能灭尽忿怒怨仇及能善住自他安隐故名为忍。"忍辱体现了菩萨的涵养。它包括:耐怨害忍,是对于冤家仇人的种种无理非难,能够忍受;安受苦忍,是个人修行及度化过程所存在的种种恶劣条件,如身体病弱,天气冷热,衣食不具等,都能泰然处之;谛察法忍,是对与我们认识悬殊的真理,能认同接受。忍能使我们消除愤怒,一个人倘若充满憎恨心,缺乏忍的涵养,才会产生愤怒;具备忍的涵养,就不会有愤怒了,对于别人的伤害你能心平气和,和颜相向,就很难树立怨仇,因而忍的涵养又能使彼此和谐,内心安详。

佛陀常常警戒弟子,即使自己智慧圆融,更应含蓄谦虚,像稻穗一样,米粒越饱满垂得越低。真正的智慧人生,必定有诚意谦虚的态度;有智慧才能分辨善恶邪正,有谦虚才能建立美满人生。

修行最主要的目标即是无我。因为你能缩小自己、放大心胸、包容一切、尊重别人,别人也一定会来尊重你,接受你。唯其尊重自己的人,才更勇于缩小自己。缩小自己，要能缩到对方的眼睛里、耳朵里。既不伤害他，还要能嵌在对方的心头上。

一粒细沙就扎到脚，一颗小石子就扎到心，面对事情当然就担当不起来。不能低头的人是因为一再回顾过去的成就。看淡自己是般若，看重自己是执着。

众生有烦恼，是因为我执的关系。以"我"的自私心理为中心，以自我为大，不但使自己痛苦，也影响周围的人群跟着争执痛苦。忘我，才能于修身养性中，造就身心的健康以及幸福的人生观。

爱是人间的一份力量，但是只有爱还不够，必须还要有个"忍"——忍辱、忍让、忍耐，能忍则能安。

要做个受人欢迎的人，做个被爱的人，就必须先照顾好自我的声和色。面容动作、言谈举止，都是在日常生活中修养忍辱得来的。

有钱也苦，没钱也苦，闲也苦，忙也苦，世间有哪个人不苦呢？说苦是因为他不能堪忍！越是不能忍的人，越是痛苦。娑婆世界又译成堪忍世界，意即要堪得起忍耐，才有办法在世间生存得更自在。忍不是最高的境界，能够达到看开忍，则会觉得一切逆境都是很自然的事。

做事，一定要秉持着"正"与"诚"的原则；而待人，则要以"宽"与"忍"的态度。要以超然的形态、宽大的心胸来容纳任何人。真正的圣人，既强又柔。他的强是柔中带刚，刚中带柔，柔能调服众生，刚能坚强己志。

佛陀不但教导众生修"慈忍"行，对儿子也教他坚持"慈忍"。佛陀告诉儿子：我的一切财产都要留传给你——国家的一切财产是有形的，有损减的；而我的财产是慈忍大法，是大觉智慧，可增长你无穷的福因及难量的法财。人人都能以"慈"、"忍"施行于家庭、于一切众生，人间便会常久散发着"透彻的爱"的光芒。

争，只能"为善竞争"、"与时日竞争"——一旦它的对象从自我投射到别人身上的时候，它就成为一个很不安的事，一件很痛苦的事了。

竞争孕育了伤害的因子。只要有竞争，就有上下之别、前后之分、得失之念、取舍之难，世事也就不得安宁了。不争的人才能看清事实。

第三章 无怒无敌 好脾气好人生

争了就乱了，乱了就犯了，犯了就败了。要知道，普天之下，并没有一个真正的赢家。人们往往就是太执着，而有分别心。是你，是我，划分得清清楚楚，以致我爱的拼命去求、去争、去嫉妒，心胸狭隘，处处都是障碍。一般人常言：要争这一口气。其实真正有修养的人，是把这口气咽下去。培养好自己的气质，不要争面子；争来的是假的，养来的才是真的。

好以口快斗，是后皆无安

嘴巴，可以是吐放剧毒的蝎子，令人生畏远避，也可以像柔软香洁的花苑，散发清香和喜悦，为人间邀来翩翩的彩蝶。留一张口，说赞美的言辞赞美天地，赞美所有的人……赞美，像雨后的彩虹，黑夜的萤火，虽然是惊鸿一瞥，却是久久的激荡回味！《法句经·言语品》上说："誉恶恶所誉，是二俱为恶。好以口快斗，是后皆无安。"《吉祥经》也说："言谈悦人心，是为最吉祥。"

人的脸孔上，有两只眼睛，两个耳朵，两个鼻孔，却只有一张嘴巴，这奇妙的组合，蕴涵着很深的意义，就是告诫人们要多听，多看，少说。

《伊索寓言》中有句名言："世界上最好的东西是舌头，最坏的东西还是舌头。"中国还有句谚语：背后骂我的人怕我；当面夸我的人看不起我。因此，人要懂得"祸从口出"的道理，管住自己的舌头。

范雎在卫国见到秦王，尽管秦王求教再三，他都沉默不语；诸葛亮在荆州，刘琦也是多次请教，诸葛亮同样再三不肯说。最后到了偏僻的一座阁楼上，去了楼梯，范雎和诸葛亮才分别对秦王和刘琦指示今后方向，所以历史上的"去梯言"，就表示慎言的意思。

东晋时代的王献之，一日偕同两个哥哥王徽之、王操之，一起去拜访东晋当代名人谢安。徽之、操之二人放言高论，目空四海，只有献之三言两语，不肯多说。三人告辞以后，有人问谢安，王家三兄弟谁优谁劣？谢安淡淡说道：慎言最好！

现代的人喜欢信口雌黄，好谈论是非，大放厥词，说三道四，谬发议论。有时候，甚至危言耸听、标新立异、故弄玄虚、轻口薄言、冷语冰人；说话如剑，到处制造口业，所以让人感到世间上，唯哑巴是最慎言的人，也是最不制造口业的人。

人生，有人喜欢饶舌，但也有人习惯于慎言。饶舌的人常常会吃亏；慎言的人，比较不容易受到伤害。

一天，一个人急急忙忙地跑到某哲学家那里，说："我有个消息要告诉你……"

"你先等等，"哲学家说，"你要告诉我的消息，用三个筛子筛过了吗？"

那人不解地问："三个筛子？哪三个筛子？"

哲学家告诉他说："第一个筛子是真实，第二个筛子是善意，第三个筛子是重要。"

接着，哲学家问："你说的消息是真实的吗？"

"不知道，我是从街上听来的。"

"你要告诉我的消息就算不是真实的，也应该是善意的吧？"

"不，刚好相反。"那人踌躇地回答。

"那么，我们再用第三个筛子。请问，使你如此激动的消息很重要吗？"

那人不好意思地回答："并不怎么重要。"

哲学家说："既然你要告诉我的消息，既不真实，也非善意，更不重要，那么就请你别说了吧！这样的话，它就不会困扰我和你了。"

有时候，我们着急要告诉别人的事情，也像这个人要告诉哲学家的消息一样，对自己对别人一点儿好处也没有。如果我们先用"真实、善意、重要"这三个筛子过滤一下我们要说的话，我们就会发现，很多话其实根本不必说，也不用说。

语言是一把双刃剑，当我们兴冲冲地去对别人说三道四时，我们自己

本身也会受到伤害，只是我们自己没有发现而已。学习掌管好自己的舌头吧，不要让它任意妄为。你会发现：如果你喜欢在言辞上与别人争斗，你永远也得不到安宁；当你管好自己的嘴，你就能管好自己的生活。

第四章
善待他人
诚心换来真心

你怎样对待别人,别人就会怎样对待你,这是一条人际交往上的黄金定律。只有用你的诚心才能换来别人的真心,这是广结善缘的白金法则。宽容别人,别人就会宽容你;给对方留下台阶,对方便会给你留下台阶,甚至搭桥铺路;给竞争对手留条退路,对手也会给你留条退路。又是一个善因和善果的关系。不管怎样,不管走到哪里,做个好人,是永远不会吃亏的。

宽容是一种美

宽容是一种美，因为有了宽容才使许多人有了浪子回头的决心。因为宽容才使那颗犯错的心有了安全的回旋余地。当你选择宽容时，你就给了这个世界无比的荣耀。而你将得到这世界最美的祝福。禅者说："量大则福大。"就是在说因为你有一颗宽容的心，所以，能获得最大的福缘。

一天晚上，一位老禅师在寺院里散步，忽然发现墙角边有一把椅子，一看就知道有出家人违犯寺规翻墙溜出去了。

这位老禅师不动声色地走到墙角边，把椅子移开，就地蹲着。没过多久，果然有一位小和尚翻墙进来，他不知道下面是老禅师，于是在黑暗中踩着老禅师的脊背跳进了院子。

当他双脚落地的时候，突然发现自己原来踩的不是椅子，而是老禅师。小和尚顿时惊慌失措，木鸡般地呆立在那里，心想："这下糟糕了，肯定要被杖责了。"但是，出乎小和尚意料的是，老禅师并没有厉声责备他，只是平静而关切地对他说："夜深天凉，快回去多穿点衣服吧。"

老禅师宽恕了小和尚的过错。因为他知道，此时此刻，小和尚已经知错了，那就没有必要再饶舌训斥了。此后，老禅师也没有再提及这件事，可是寺院里的所有弟子都知道了这件事，从此以后，再也没有人夜里翻墙出去闲逛了。

这就是老禅师的度量，他给犯过错的弟子提供反省的空间，使其悔悟，自戒自律，所以宽容也是一种无声的教育。

宽容地对待别人的过错，这是何等的胸怀。学会宽容，是一种美德、一种气度，因为你能容得他人不能容，所以你也必将拥有别人不能拥有的。

古人云：金无足赤，人无完人。宽容是一剂良药，医治人心灵深处不可名状的躁动，滋生永恒的人性之美。我们不仅要宽容朋友、家人，还要宽容我们的敌人、对手。在非原则性的问题上，以大局为重，你会体会到退一步海阔天空的喜悦；化干戈为玉帛的喜悦；人与人之间相互理解的喜悦。要知道你并非踽踽单行，在这个世界上，虽然人们各自走着自己的生命之路，但是纷纷攘攘中难免有碰撞。如果冤冤相报，非但抚平不了心中的创伤，而且只能将伤害捆绑在无休止的争吵上。

有这样一则故事：一位妇人同邻居发生纠纷，邻居为了报复她，趁夜偷偷地放了一个骨灰盒在她家的门前。第二天清晨，当妇人打开房门的时候，她深深地震惊了。她并不是感到气愤，而是感到仇恨的可怕。是啊，多么可怕的仇恨，它竟然衍生出如此恶毒的诅咒！竟然想置人于死地而后快！妇人在深思之后，决定用宽恕去化解仇恨。

于是，她拿着家里种的一盆漂亮的花，也是趁夜放在了邻居家的门口。又一个清晨到来了，邻居刚打开房门，一缕清香扑面而来，妇人正站在自家门前向她善意地微笑着，邻居也笑了。

一场纠纷就这样烟消云散了，她们和好如初。

宽容敌手，除了不让他人的过错来折磨自己外，还处处显示着你的纯朴、你的坚实、你的大度、你的风采。那么，在这块土地上，你将永远是胜利者。只有宽容才能愈合不愉快的创伤，只有宽容才能消除一些人为的紧张。学会宽容，意味着你不会再心存芥蒂，从而拥有一分流畅、一分潇洒。在生活中我们难免与人发生摩擦和矛盾，其实这些并不可怕，可怕的是我们常常不愿去化解它，而是让摩擦和矛盾越积越深，甚至不惜彼此伤害，使事情发展到不可收拾的地步。用宽容的心去体谅他人，真诚地把微笑写在脸上，其实也是善待我们自己。当我们以平实真挚、清灵空洁的心去宽待对方时，对方当然不会没有感觉，这样心与心之间才能架起沟通的桥梁，这样我们也会获得宽待，获得快乐。

一个人能否以宽容的心对待周围的一切，是一种素质和修养的体现。大多数人都希望得到别人的宽容和谅解，可是自己却做不到这一点，因为

总是把别人的缺点和错误放大成烦恼和怨恨。宽容是一种美,当你做到了你就是美的化身。

善意地对待他人的不足和缺点

在所有人类的美德里面,宽容从来都是排在前列的。《优婆塞戒经·自他庄严品》上说:"怨亲等苦,先救怨者。见有骂者,反生怜悯。"《马太福音》第五章也说:"不要与恶人作对,有人打你的右脸,连左脸也转过来由他打。"这也许是一种境界,我们自忖德薄才浅,做不到,但是对做个"仁义之士",还是心向往之的。

所谓"宽以待人"就是善意地对待别人的不足和缺点。因为无论在怎么看起来都是完美的人身上,都有至少一两个缺点,有的缺点甚至在别人看来难以接受。明代有位学者说过这样的话:"人有不及者,不可以已能病之。"也就是说,看到别人的缺点、不如自己的地方,不能因为自己这一点比别人强,就自视过人甚至看不起对方。

每个人都会犯错,包括自己,可是我们往往能很快原谅自己,却无法原谅别人。这种原谅自己却不原谅别人的行为是软弱的表现,因为你只敢面对自己的过错,却无法面对别人的过错。每个人都有犯错的时候,有的错误还是无意间造成的,是无心的。如果换个角度想想,你是那个犯错的人,是不是希望你"得罪"的那个人能原谅你?如果对方原谅你,你的心情又是怎样的?对人要有宽容之心,有的时候对方的做法可能不是有心的,是无意的冲动行为。知道他不是有心的,就不要把这件事再放在心里,而应该忘了它。

二战期间,一支部队在森林中与敌军相遇。激战后,两名来自同一个小镇的战士默利和菲利普与部队失去了联系。

两人在森林中艰难跋涉,他们互相安慰、互相鼓励。十多天过去了,仍未与部队联系上。这一天,他们捕获了一只鹿,依靠鹿肉又艰难地度过了几天。可也许是战争使动物四散奔逃或被杀光,这以后他们再也没看到过任何动物。他们仅剩下的一点鹿肉,背在年轻战士默利的身上。这一天,他们在森林中又一次与敌人遭遇,经过再一番激战,他们巧妙地避开了敌人。

就在自以为已经安全时,只听一声枪响,走在前面的默利中了一枪——幸亏伤在肩膀上!后面的菲利普惶恐地跑了过来,他害怕得语无伦次,抱着战友的身体泪流不止,并赶快把自己的衬衣撕下包扎战友的伤口。

晚上,未受伤的菲利普一直念叨着母亲的名字,两眼直勾勾的。他们都以为他们熬不过这一关了,尽管饥饿难忍,可他们谁也没动身边的鹿肉。天知道他们是怎么过的那一夜。第二天,部队救出了他们。

时隔三十年,那位受伤的战士默利说:"我知道谁开的那一枪,他就是我的战友。当时在他抱住我时,我碰到他发热的枪管。我怎么也不明白,他为什么对我开枪?但当晚我就宽容了他。我知道他想独吞我身上的鹿肉,我也知道他想为了他的母亲而活下来。此后三十年,我假装根本不知道此事,也从不提及。战争太残酷了,他母亲还是没有等到他回来,我和他一起祭奠了老人家。那一天,他跪下来,请求我原谅他,我没让他说下去。我们又做了几十年的朋友,我宽容了他。"

即使一个非常宽容的人,也往往很难容忍别人对自己的恶意诽谤和致命的伤害。但唯有以德报怨,把伤害留给自己,才能赢得一个充满温馨的世界。释迦牟尼说:"以恨对恨,恨永远存在;以爱对恨,恨自然消失。"

面对那些无意的伤害,宽容对方会让对方觉得你心胸的博大,可以消除无心人对你造成伤害后的紧张,可以很快愈合你们之间不愉快的创伤。而面对那些故意的伤害,你博大的心胸会让对方无地自容,因为宽容对方体现出的是一种境界。宽容是对怀有恶意者最有效的回击,不管别人有意还是无意伤害了你,其实他的内心也会感到不安和内疚,或许是因为碍于所谓的"面子"而不肯认错,而你的宽容就会使彼此获得更多的理解、认

同和信任。自己也有犯错的时候，并会因为犯错觉得内疚，不知所措，希望对方能原谅自己，同时也会对自己的缺点忐忑，不希望被别人看不起。所以就要站在对方的角度考虑，当自己遇到不原谅别人错误的人会怎么想。

事事计较是不会有什么结果的，已经发生了的事情不会有任何改变，也不能扭转任何已经发生了的事情。以宽容的态度待人，以理解作为基础，站在客观的角度给人评价，可以从别人身上学到自己所没有的长处和优点，也能使自己对对方的不足给予善意的充分理解。在日常生活中，时不时都会有如何要求别人的时候，还有如何对待自己的问题。能否把握好一个律己和待人的态度，不仅能充分反映出一个人的修养，还能培养人与人之间的良好关系。

在一次为战功彪炳的将军举办的鸡尾酒会上，一位年轻的士兵被选出来，专门伺候将军。音乐响起，这位士兵开始斟酒，但因敬畏和过度的紧张，反而不小心把酒洒到了将军那光秃秃的头上。

一时，整个酒会上的气氛立刻僵住了，士兵更是不知所措，其他的军官忍不住发怒嘀咕："这个糟糕的家伙，明天肯定会被关禁闭。"

只见将军拿起餐巾，擦着秃头，笑着对大家说："各位！这位老弟实在用心，只是这种疗法，就可使我长出头发来吗？"

话一说完，全场爆笑，只有那个脸色发白的士兵，含着热泪，满怀感激，傻傻地注视着将军。

唯宽可以容人，唯厚可以载物；有容乃大，不容无物。几句风趣话，多少宽容心。这位将军的伟大，显然不是霸功，而是大度。

当犯错的人是你自己的时候，都渴望得到别人的谅解，得到别人的支持。同样地，当你面对的是一个犯错的人时，对方也抱着这样的心情。所以，打开你心里的那扇窗户吧！你会发现，当你对别人表示宽容的同时，也会得到同样的回报，而你的朋友会越来越多。

要有容人之量，在一定意义上说，一个人能容多少人，他就能成就多大的事业。如果连一个人也不能容忍，那他也只能顾影自怜、自娱自乐了,说好听点叫孤芳自赏,即使天纵奇才如爱因斯坦等也是如此,如果一个人能够容纳天下的人,那就可以做事了。

宽恕别人得益的是自己

没有人不会犯错,而知道自己犯了错的人最希望得到别人的宽恕和谅解。假如别人希望在自己犯错之后求得你的谅解,你是否能够给他一次改过的机会?这便是你选择做一个宽容的人还是做一个苛刻的人的机会。

释迦在世时,弟子中出了一名叛徒。这个背叛者是释迦的堂兄弟提婆。

提婆妒忌释迦的名声,屡次设计要杀害他都终告失败。释迦一次次宽恕了他,不过他这个人却恶劣成性,始终不改。有一次,尼僧法施谆谆告诫他,却惹得他凶性大发,杀死了法施。

然而,一重又一重的恶行积压下来,终使提婆不堪良心的谴责而病倒了。病床上的提婆每天都过得极忧烦痛苦,非常希望有什么方法能减轻身心上的折磨。于是他拖着病体,乘了一顶舆轿到释迦那儿去,想要向他忏悔自己的罪过。

然而当舆轿一着地,大地就刮起了一阵大风,而提婆也就活生生被打入阿鼻地狱去了。

释迦的一名弟子见状非常不忍,就对释迦说:"我想救救提婆。"

释迦说:"很好,可是有一点要注意,你要以正心说教,让他彻底改过。因为要让恶人幡然悔悟,实比在枯木上雕刻还难。"

这名弟子即刻赶往提婆那儿。只见提婆正痛苦地挣扎着,提婆见了他,就哀求他说:"我的痛苦就好像被铁轮辗碎了身子,被铁杵痛捣身体,被黑象践踏,把脸投向火山一样,请快来救我!"

弟子答:"赶快皈依我佛吧!如此就可以得救。"

说完，所有的痛苦都化为乌有，提婆也痛悔前非，自心底深深悔改。

释迦用宽广的心胸原谅了提婆的过错，包容了他的无礼，这就是宽恕！人们犯错是一种平常，而用宽容的心对待别人的冒犯却是一种超常。

佛陀常常告诫弟子们，"比丘常带三分呆"，就是要弟子们大智若愚，凡事不要太计较，即使遭到了别人的无礼冒犯也要宽恕他们，因为宽恕别人，也是升华自己。

宽恕，是一种净化。当我们手捧鲜花送给他人时，首先闻到花香的是我们自己；而当我们抓起泥巴想抛向他人时，首先弄脏的就是我们自己的手。

宽恕别人并不困难，但也不容易，关键要看我们的心灵是如何选择的。

美国前总统林肯，少年时期曾在一家杂货店打工。有一次，一位顾客的钱包被另一位顾客拿走了，丢了钱包的顾客认为钱是在店中丢的，所以杂货店应当负责，便与林肯发生了争执。而杂货店的老板却为此开除了林肯，老板说："我必须开除你，因为你令顾客对我们店的服务很不满意，因此我们将失去许多生意，我们应该学会宽恕顾客的错误，顾客就是我们的上帝。"

林肯一直都不接受这位顾客的无理和原谅老板的不通情理，但是很多年以后，做了总统的林肯却意味深长地说："我应该感谢杂货店的老板，是他让我明白了宽恕是多么的重要。"

宽恕别人，就是善待自己。仇恨只能让我们的心灵永远生存在黑暗之中；而宽恕，却能让我们的心灵获得自由，获得解脱。

其实，宽恕别人的过错，得益最大的是我们自己。曾有这样一个案例，荷兰一所著名大学的研究人员组织了一批志愿者做了一项有关"宽恕"的实验。

志愿者们被要求想象他们被人伤害了感情，并反复"回忆"被伤害时的情景。研究人员发现，此时的志愿者在身体上和精神上的压力同时加大，伴随着血压升高，他们心跳加快、出汗、面部表情扭曲。之后，研究人员又要求他们停止想象自己被别人伤害的事情,虽然没有刚才的生理反应大,但是某些生理症状却依旧存在。最后,志愿者被要求想象已经原谅了自己的"假想敌",这时,志愿者感到身心放松并且非常的愉快。

这样,研究人员得出结论:宽恕别人,不意味着为犯错的人找借口,而是将目光集中在他们好的方面,从而把自己从痛苦中拯救出来。这正应了那句话:不要拿别人的错误来惩罚自己。

佛陀说:"对愤怒的人,以愤怒还牙,是一件不应该的事。对愤怒的人,不以愤怒还牙的人,将可得到两个胜利:知道他人的愤怒,而以正念镇静自己的人,不但能胜于自己,也能胜于他人。"

这就是宽恕的力量。

有容人之量才可成就大业

盘珪禅师是一代名师,教育出很多高超的僧才。一次,他收了一位由于家里无法管教而希望借由佛法的熏陶使之改过向善的坏孩子当徒弟。没想到这孩子到了寺庙,依旧我行我素,时常偷寺中的古董去典当花用。弟子们怕影响寺庙的声誉,立刻向盘珪禅师报告。过了几天,禅师却没有表示有处理之意,而那孩子依旧无恶不作。弟子们实在看不过去了,便再次向禅师要求马上开除这个孩子,否则的话,他们将立即集体离开这个寺庙。这时,盘珪禅师闭着眼睛安详地说:"如果你们一定要离开这里,那么我不为难你们,请离开吧!"弟子中有人大感意外地问:"您为什么不开除那为非作歹的坏孩子,而要牺牲我们呢?"禅师睁开眼睛说:"你们在我这儿修行已有数年,稍有见地,就是离开这里,也可以外出自立门户;倘若这孩子被我们开除了,那他将无处安身。"弟子们恍然大悟,了解了师父的用心,羞愧之余,立即向师父道歉。

禅师以一颗宽容善良的心感动了弟子们,也教育了弟子们,向弟子们

展示了一代禅师的胸怀。

一个人的一生中不可能没有失误，也不可能不犯错误，能容人之错，使之有改过之机，则可谓贤者。因为贤，所以会有许多人跟从他。世间万物，有容乃大，一个人有容人之量，则可成就大业。

以本田宗一郎来说吧，他不仅是一位著名的企业家，而且是一位不断完善自己和周围人的德行的人。他通过实施一套独特而又恰当的管理方法，激发了职员们不怕失败，敢于向自我挑战的勇气。1954年4月，宗一郎将自己亲自制定的《我公司之人事方针》发表在公司的报纸上，公开表示要关心职工，并和他们交朋友，聆听他们的意见，让职工拥有充分的自主，有和干部辩论的权利……

1959年，宗一郎开始了迈向世界的第一步，创办了"美国本田技研工业公司"。川岛被任命为公司的负责人，时年三十九岁，还有两名年轻的助手分别为小林隆幸和山岸昭之。对川岛一行的这次出征，本田公司的领导层内担心者不在少数。但宗一郎对川岛等深信不疑。然而，川岛一行出师不利，在前六个月的时间里，收效甚微，仅仅售出二百台摩托车，且未收到货款。

宗一郎得悉这一消息后，没有对川岛一行严厉斥责，而是提示他们去了解美国摩托车市场的交易规律，还有美国居民的消费心理，改变营销策略，继续开展业务。到了1961年年底，本田公司在美国已拥有五百家销售点，进军美国市场已初见成效。

给年轻人提供施展才能的机会，不怕他首战失利，也不怕暂时的利益亏损，重要的是激发他的潜能，运用他的聪明才智，为企业发展注入新鲜活力，是本田宗一郎一贯的用人思想。与那些只重眼前利益、唯恐亏损的经营者相比，宗一郎的做法充分展现了一个企业家的宽阔胸怀和容人之量。这就是本田公司能够发展壮大的原因之一。

对于部下或同事的失误，不能抓住不放、小题大做、四处宣扬，而要以诚感人，"爱语"纠错。当他人遭受失败时，如果不假思索地进行呵斥，只会激起失误者的逆反心理，不利于事情的发展。聪明的做法是用柔和之词去启发劝导他修正错误。如此，失误者才会心悦诚服地接受你的见解，并心存感激。

中国荔枝大王——农民企业家叶钦海在创办农场初期，就显示出了他在用人方面的超常胆略和智慧。他认为，企业要有活力，要有发展，最重要的是在于人才管理，而非资金与规模。在管理上，他实行责、权、利挂钩，对于有才能的人，就要大胆使用，不要怕他犯错误，只要敢于承担责任，就说明他是以主人翁的态度对待企业的。

有一个分场场长在清理草坪时，事先没有掌握天气的情况，见当时没有起风，就让人点燃了草坪。可没过多久，天气突变，刮起了大风，火势借助风力迅速蔓延到一旁的荔枝苗。这位分场场长见状，迅速组织人力扑救，但还是烧死了上百株荔枝苗。事后，叶钦海认为分场场长并不是主观放火，并在扑火行动中表现得英勇顽强，因此，在事故分析会上，叶钦海没有责备他，只是要求他吸取教训，在今后的工作中凡事多加考虑，慎重行事。这位场长深受感动，在以后的工作中，热情更高，成了叶钦海的一名得力助手。

商界女杰吕有珍，在识人、用人方面也有其独到之处：扬长避短，大胆使用有过失之人。1994年，昆明市花园商场因漏电失火，商场经理心急火燎地向吕有珍汇报了此事。吕有珍异常镇定地询问了具体情况后，对他说："你是商场经理，即使着火了你仍是商场经理，你去处理吧，我相信你能处理好。"商场经理以为吕有珍会撤他的职，会严厉地批评他，却没有想到吕有珍仍然如此信任他，这给了他强大的动力。不到一个月的时间，商场经理就处理好了事故的善后问题，花园商场的经营也没有因那次火灾而受到影响。

杰夫·拜克斯也有一段与这位商场经理类似的经历。1984年，微软试算表软件上市后被发现有重大瑕疵，当时还是产品经理的杰夫硬着头皮去见比尔·盖茨，建议将上市产品全数收回，并诚恳表示愿意承担一切责任。盖茨告诉他："今天你让公司损失了两千五百万美元，我只希望你明天表现得好一点。"盖茨认为，一旦犯了错误，切实检讨的实质意义要比

追究处罚大得多,因为"如果轻易解雇了犯错的人,也就等于否定了这个教训的价值"。

同样,诺基亚前总裁奥利拉也有一句类似的名言,这就是"过失导致发展"。他一直把失败看作接受教育,几乎没有因此而辞退过任何一个员工。他的理由是,如果员工总有失业的压力,总是心存恐惧,就不会产生创新意识。而只有鼓励创新的企业文化才是公司不断进步的动力源泉。

人无完人,不能苛求完美。用人时要扬人之长,避人之短;对有过失的人,哪些能用,哪些不能用,要因人而异,不可一概而论,更不能求全责备,以短盖长。

生活中,对人同样如此。也只有这样,才能让许多有才能、有个性的人团结在你的周围,助你成就事业。

容天下难容之事

天空收容每一片云彩,不论其美丑,所以天空广阔无边;高山收容每一块岩石,不论其大小,所以高山雄伟无比;大海收容每一朵浪花,不论其清浊,所以大海浩瀚无边。

能容天下难容之事者,必是人中之佛。

白隐禅师便是这样一位纯洁的圣者。

有一对夫妇突然发现自己未出嫁的女儿怀孕了,这使他们非常恼怒,便向女儿追问缘由。开始女儿死也不说,但经一番苦逼之后,她终于说出"白隐"的名字。

父母怒不可遏,立即就去找白隐理论,可这位大师始终就一句话:"是这样吗?"

孩子生下后,他们就把孩子交给白隐抚养。

从此白隐名誉扫地,但他毫不介意,还是非常细心地照顾孩子。一年后，那位姑娘再也无法忍受内心的折磨，说出了实情，原来，孩子的亲生父亲是一名青年。

姑娘的父母马上向白隐道歉，并接走了孩子。

白隐在交回孩子的时候还是轻声地问："是这样吗？"

白隐禅师容人的雅量由此可见一斑。你若能容下这个世界，这个世界也能容下你。你不用心挤兑这个世界，这个世界也不会挤兑你的心。这个世界是宽广的，你的心跟它一样宽广，你肯定会"量大福大"——至少你的心灵会是幸福的。大肚弥勒佛之所以深得人心，并且自己也能常葆快乐，就在于他心量广大，能容天下难容之事。在现实生活的人群中，我们能否真正找到心量广大的普通人呢？能，因为能容所以他也变得并不普通。

在河南省方城县，11年前，打工汉孔某沉浸在喜得千金的兴奋中时，妻子张某却告诉了他一个残酷的事实：这个新生命是她和别人的孩子！经过一番痛苦挣扎，孔某最终宽容了妻子，并将孩子视如己出。然而，十一年后，这个孩子却患了白血病，生命告急！孔某能够做出惊人之举、允许妻子再次怀上旧情人的孩子用脐血干细胞挽救第一个孩子的生命吗？一方面是有悖传统道德的"奇耻大辱"，一方面是对十一岁花季少女生命的无私拯救，孔某一颗平常而博大的心，被亲情和伦理这两条绳索揪紧了……

2003年4月10日上午，并非孔某亲生女儿的小华（化名）在学校突然晕倒，到医院诊病，结果确诊小华患的是要命的淋巴性白血病。

医生对孔某夫妇说，要想治好小华的病，需要张某再生个孩子，用新生儿的脐血挽救小华。这就意味着张某必须与旧情人任某再生一个孩子，这怎么可能呢？妻子张某痛苦地低下了头，孔某更是痛苦万分：本来小华就不是自己的骨肉，怎么能再要一个又不是自己骨肉的孩子呢？

经过反复思考，孔某做出了一个令人难以置信的决定：让张某与任某再生一个孩子救小华！然而，这个决定遭到了张某的坚决反对："这十多年来，我们早就没有任何来往，况且双方都已有家室，你让我怎么跟他讲？再说，我至死都不想让任某知道小华是他的亲生女儿，我更不能再做

对不起你的事啊!"

"生命高于一切。为了小华的生命,请你好好考虑考虑吧!"孔某诚恳地对张某说。张某又何尝不想救女儿呢?只是她万分珍惜与孔某的感情,实在不愿让这份感情再受到任何玷污了。

考虑了三天,张某觉得自己无论如何都不可能再和任某有什么瓜葛。如果能用其他的方法与任某再生一个孩子,倒还可以考虑。与孔某商量后,夫妇俩坦率地把自己的隐私对大夫讲明了,大夫说:"你们可以采用人工授精的方法怀孕,这样也能使孩子获救。"

2004年春节前夕,孔某找到并说服了任某,使任某答应捐出精子。

2004年3月医生为张某做了特殊的人工授精手术。手术做得很顺利,一个多月以后,张某就怀孕了。看着妈妈渐渐隆起的肚皮,小华知道新的小生命与自己的生命紧紧相系,久违的笑容,再一次回到了她的脸上。

2005年1月5日,张某在县妇幼保健院顺利产下一个女婴。生产以后,孔某当即带上装在保温箱里的一段脐带,到省人民医院做配型化验。1月11日,从郑州传来喜讯,配型成功!2月7日,张某刚刚坐完月子,孔某和她就带着两个女儿到医院,找到了大夫,大夫马上安排孩子住院。观察七天后,为小华做了亲体配型脐血干细胞移植手术。手术进行了两个半小时,非常成功。住院观察期间,小华未出现大的排异反应,于3月11日痊愈出院。小华稚嫩的生命,终于又重新扬起了希望的风帆。

显然,孔某就这样承受了有悖传统伦理的"奇耻大辱",奉献了拯救孩子生命的大爱!尽管他因此陷入了难言的尴尬和隐痛,但他的人生却因此显现了人性的光芒,令人肃然起敬。即便人们知道了其中的隐情,谁还能忍心讥讽他?因为任何人都难以做到。所以,能做到的人才最值得别人去尊敬和赞美。

宽容应该是一个神圣的字眼,宽容应该是一个神圣的概念,宽容应该是一种人类精神。宽容是一种善,宽容是一种美,宽容是一种人性,宽容是一种胸怀和气度,更是一种境界。宽容是一种修养,一种成熟,这种修养表现出来的不是软弱,相反是力量,是魅力。

何必在小事上计较

在小事上计较就等于在大事上糊涂，所以，计较的结果还是自己吃亏。

一天，一个失意的青年走在崎岖不平的山路上，发现脚边有个袋子似的东西很碍脚，心情郁闷的他狠踢了那东西一下，没想到那东西不但没被踢破，反而膨胀起来，并成倍地扩大着。青年恼羞成怒，拿起一根碗口粗的木棍砸它，那东西竟然胀到把路堵住了。

正在这时，佛祖从山中走出来，对青年说："小伙子，别动它。它叫仇恨袋，你不犯它，它就小如当初；你侵犯它，它就膨胀起来，与你对抗到底。忘了它，离它远去吧！"

生活中总是有一些人心胸不够开阔，一点点小事就足以让他们心烦意乱。当别人无意中惹到他们时，他们总是抱着"以牙还牙，以眼还眼"的决心，摆出一副寸土必争的姿态去面对生活中一些鸡毛蒜皮的小事。他们做人的信条就是半点亏不吃，但实际上往往是这种人容易吃大亏。

公交车上总是会有那么多人，从来就没有空的时候，这日莎燕下班回家，在公司门前的那个站牌等公车。左等右等，终于来了一趟。

哇噻！公车里好多的人，黑压压的。莎燕奋力地向上挤，终于挤上了车。但挤车时一不小心，踩了旁边的胖大嫂一脚。胖大嫂的大嗓门叫开了："踩什么踩，你瞎了眼了？"莎燕本还想道歉来着，但一听这话面子上挂不住了，回应说："就踩你了，怎么着？"

于是，两个女人的好戏开演了。双方互相谩骂，恶语相加。随着火气的升级，两人竟然动起了手，胖大嫂先给了莎燕一下，莎燕也立即以牙还牙，两手都上去了，在胖大嫂脸上乱抓一通。还是边上的好心人把两人拉

了开来。

莎燕的指甲长，抓破了胖大嫂的脸，而她却没怎么受伤。想到这里，莎燕不禁得意起来。

终于回到了家，一进家门莎燕便向老公倒起了苦水。不过她倒认为自己没吃亏，反倒把那恶妇抓破了脸，所以，讲到这里一脸的灿烂，这时老公看了她一下，惊奇地问道，你右耳朵上的那个金耳坠呢？莎燕一摸耳朵，耳坠早已不见了……

我们经常以为"以牙还牙"就是让自己不吃亏，事实上，这是一种小肚鸡肠的表现。总以为别人占自己一分便宜，自己就要想尽办法讨三分回来，否则自己就是吃了大亏，但是事实真的就像我们想象的那么单纯吗？

战国时，梁国与楚国相邻。两国夙有敌意，在边境上各设界亭（哨所）。两边的亭卒在各自的地界里都种了西瓜。梁国的亭卒勤劳，锄草浇水，瓜秧长势很好；楚国的亭卒懒惰，不锄不浇，瓜秧又瘦又弱。

人比人，气死人。楚亭的人觉得失了面子，在一天晚上，乘月黑风高，偷跑过界把梁亭的瓜秧全都扯断。梁亭的人第二天发现后，非常气愤，报告给县令宋就，说要以牙还牙，也过去把他们的瓜秧扯断！

宋就说："他们这种行为当然不对。别人不对，我们再跟着学就更不对，那样未免太狭隘、太小气了。你们照我的吩咐去做，从今天开始，每晚去给他们的瓜秧浇水，让他们的瓜秧也长得好。而且，这样做一定不要让他们知道。"

梁亭的人听后觉得有理，就照办了。

楚亭的人发现自己的瓜秧长势一天比一天好起来，仔细观察，发现每天早上地都被人浇过，而且是梁亭的人在夜里悄悄为他们浇的。

楚国的县令听到亭卒的报告后，感到十分惭愧又十分敬佩，于是上报楚王。楚王深感梁国人修睦边邻的诚心，特备重礼送梁王以示歉意。结果这一对敌国成了友好邻邦。

"以眼还眼，以牙还牙"，看起来矛盾的双方是势均力敌，谁都不吃亏，但当你真的以这种方式去办事时，你会发现你可能解了一时之气，但不能得到大多数人的认可和好评。所以,你的行为事实上在告诉别人你是一个肚量狭小的人,那么还有谁愿意靠近你?反之,以德报怨,不仅可以使那些对你不敬的人心生惭愧,同时还可以告诉别人你的胸怀和气度是他们无法企及的,那么在你的周围会不知不觉吸引许多有德之人。这才是吃小亏,赚大便宜的上上之策。不要做那种斤斤计较的傻事。对你没有任何好处。

严于律己,宽以待人

谁都想自己在为人处世方面能够做得比较周全,有一个相对轻松和谐的环境,与别人友好地相处,那么宽以待人是不可缺的。我国古来就有"君子宽以待人,严于责己"的处世传统。

所谓宽以待人,就是指对他人的要求不可过分,不强求于人,而是以宽容为怀,能让人时且让人,能容人处且容人。

太阳还未升起前,庙前山门外凝满露珠的春草里,跪着一个人:"师父,请原谅我。"

他是城中最风流的浪子,十年前,却是庙里的小和尚,极得方丈宠爱。方丈将其毕生所学全数传授,希望他能成为出色的佛门弟子。但他却在一夜间动了凡心,偷下山门,五光十色的都市迷乱了他的双眼。从此花街柳巷,他只管放浪形骸。

夜夜都是春,却夜夜不是春。十年后的一个深夜,他陡然惊醒,窗外月色如水,澄明清澈地洒在他的掌心。他忽然深深忏悔,披衣而起,快马加鞭赶往寺里。

"师父,你肯饶恕我,再收我做弟子吗?"

方丈痛恨他的辜负,也深深厌恶他的放荡,只是摇头:"不,你罪孽深重,必堕阿鼻地狱。要想佛祖饶恕,除非……"方丈信手一指供桌,

"连桌子也会开花。"

浪子失望地离开。第二天早上，当方丈踏进佛堂的时候，惊呆了：一夜之间，供桌上开满鲜艳的花朵，红的、白的，每一朵都芳香逼人。

方丈在瞬间大彻大悟。他连忙下山寻找浪子，却已经来不及了，心灰意冷的浪子又恢复了他原来的荒唐生活。而供桌上开出的那些花朵，也只开放了短短的一天。

生活中，没有人能做到万无一失，中国有句古话叫作"浪子回头金不换"。既然别人给了你一个显示大度能容的机会，你就要去伸手接纳它。佛陀不会嫌弃一个犯了错而知悔改的人。假如我们总是拿着别人的缺点去评三论四，而不从自己身上找缺点，那么，我们便不是一个理智、聪明的人。因为，聪明人往往是那种严于律己、宽以待人的人。

宽以待人是一个道德水平较高的表现。古谚说："有容，德乃大。"你希望别人善待自己，就要善待别人，要将心比心，多给人一些关怀、尊重和理解；对别人的缺点要善意指出，不能幸灾乐祸；对别人的危难应尽力相助，不应袖手旁观，落井下石。即使是自己人生得意马蹄疾时，也不能得意忘形，居功自傲，而是应多想想别人对自己的帮助和恩惠，让三分功给别人。人总是喜欢和宽容厚道的人交朋友的，正所谓"宽则得众"。宽以待人还要求我们"己欲立而立人，己欲达而达人"。自己要站得住，同时也使别人站得住，自己要事事行得通，同时也使别人事事行得通。《论语·颜渊》又说："君子成人之美，不成人之恶，小人反是。"在一定意义上，成人之美也是成己之美，即使对有错误的人也不要嫌弃，应给人提供改过的宽松条件，原谅别人的过失，帮助别人改正错误。正所谓与人方便，自己方便。当然，我们讲宽以待人，也不是说一味地姑息，否则就会失去宽厚的本意，正所谓"过宽杀人"。没有度的宽只是麻木怯懦，明哲保身，更是纵容丑恶。"有一种人，以姑息匿人市宽厚名，有一种人，以至举细数市精明名，皆偏也。圣人之宽厚，使人有所恃。圣人之精明，不使人无所容。"也就是说，用无原则宽容恶人去换取自己的宽厚名声，或列举别人琐碎小事换取自己精明的名声，都是有失偏颇。圣人的宽容程度是不使小人有所倚恃，也不使小人无处容身。这也是我们所应把握的度。对恶人无原则的宽容无异于助纣为虐，是对善良人们的残忍，孔夫子说："唯仁者能好人，能恶人。"朱熹也讲："血气之怒不可有，义理之怒不可无。"我们在懂得宽以待人的同时，也应懂得嫉恶如仇，捍卫正义。只有做到当宽则宽，当严则严。抑恶扬善，才是真正的宽以待人。

宽以待人，正是以宽广的胸怀，宽容的气度。创造宽松的人际环境，大度豁达难容之事，使别人敬重和倾慕你的人品，并使你具有很大的人格魅力，特别是在竞争激烈的今天，宽以待人会使人人都喜欢与你交往，所以，宽以待人是处世的一个重要原则。

不满人家，是苦了自己

《优婆塞戒经·羼提波罗密》上说："世间骂者，亦有二种：一者实，二者虚。若说实者，实何所嗔？若说虚者，虚自得骂，无豫我事，我何缘嗔？"世间的骂，有二种：一是骂的内容属实，二是骂的内容虚假。如果说的是真的，那还有什么嗔恨呢？如果说的是假的，说假的人自得其骂，同我没有一点关系，我又为什么嗔恨？

我们对别人的态度就是我们对自己的态度的投射，我们老是恨自己，就会发现自己经常没缘由地会恨别人；我们对别人要求很高，其实是因为对自己的要求低不下来；我们对别人横竖不满意，其实是因为怎么也无法喜欢上自己。

人活在世上为什么这么累，每个人都有自己的看法。但将自己看得太高，将别人看得过低是根本原因。

让我们先将视线投向大自然。山上的树木林立，灌木丛生，仔细看看，原来粗粗细细，高高低低绝不雷同。可是它们都在极力地向下汲取水分养料，向上接受阳光。谁都没有闲心去比试谁高谁低，谁美谁丑。也许

善心做人 凡心做事

— 善心是对人生的奖赏
凡心是获得幸福的源泉
ShanXinZuoren FanXinZuoShi

正因如此,大自然的每一个生命都能活得有个性,活得精彩。

可是,自视为万物之灵长的人类呢?总是用挑剔的眼光看别人,用尖刻的言词诋毁别人。说张三没有能耐,讲李四性格不好,很少甚至从不想想自己有无被别人品头论足。所以,每片树叶都是不一样的,人也是一样。每片树叶都有它独特的一面,人何尝不是如此。

列夫·托尔斯泰是世界文坛巨匠,他非常有名望,《战争与和平》和《安娜·卡列尼娜》在世界文学史上永放光芒;他有夫人、孩子、地位乃至财产。应该说,没有哪个婚姻比这更美满了。起初,他们也曾饱尝幸福的甜蜜。不久后他们的悲剧就发生了,妻子喜欢奢侈,渴望名誉、社会称赞,企求金钱与财产;托尔斯泰则追求简朴,认为名誉和社会赞誉毫无意义,视财富是一种罪恶。于是妻子常常唠叨、责骂,甚至发狂地躺在地上打滚,恫吓自杀。最后,托尔斯泰再也无法忍受家庭的不幸,在一个雪夜从妻子那里逃了出来——在寒冷黑暗中漫无目标地走着。十一天后,他患肺病死在一个车站上。他临死时的请求是,不要让他的妻子来到他身边。这就是托尔斯泰夫人为自己的吹毛求疵、抱怨不休和歇斯底里所付出的代价。

台风让我们家园被毁,但它能缓解旱情;野草好像一无是处,其实它能涵养水分。不将别人一棍子打死,多看看别人的长处,你会觉得世界是那么美好。会少点牢骚,多点快乐。不仅如此,多看看别人的长处,还能反躬自省;多照照镜子,看看自己有什么缺陷,有哪些灰尘需要扫除。能做到这样,我们的学识会丰厚一些,我们的人格会高尚一些,我们的生活也会快乐一些。见贤思齐而不是鸡蛋里挑骨头,见到不如我们的,不要全盘否定,看别人有无值得自己学习的地方,他身上的不足自己有没有,别人喜欢说长道短,自己有没有议论西家长东家短的毛病;别人不上进自己是否勤奋好学。将别人当作一面镜子吧。

生活中那些对别人吹毛求疵、对生活抱怨不休的人在做出这些行为的同时,他们自己也遭到了生活的惩罚:这种惩罚可能是爱人的离去、事业的无成或是心灵的空虚……为什么不抱着宽容、体贴的态度来看待我们的生活呢？这样做，你就会发现人们是多么的可爱，生活是多么的美好，因为你怎么对待别人，别人也会怎样对待你。

用宽厚、善意的心去看待外面的世界与人，太苛刻只会使自己失掉朋友，很多时候，对别人不满意、挑刺的时候，也是自己难过的时候，与人快乐自己也快乐，与人烦恼自己也烦恼。放眼天地间，山川河流，林樾松竹，哪有一样不漂亮，哪有一样不诗情画意。日子过得好不好，大自然美不美，其实都在于你心中的想法。

不要固执地否定他人

大多数人都有一种观点，就是：天下之人，唯我独好，唯我独对，其他人都有缺点和错误。事实上，任何人都有缺点和错误，你否定别人就等于在否定自己。禅者的为人是心胸开阔，懂得尊重他人意见的人。固执地否定他人的人是不能容纳他人，心胸不够宽大的人。

禅界有这样一个故事。

有一天，佛光禅师开讲禅门真诠以后，学僧甲向禅师禀告道："老师，生死事大，要了生脱死，唯有念佛往生净土，故弟子想要到灵岩念佛道场去学念佛法门。"

禅师听后，非常高兴地回答说："很好，你去学净土念佛法门回来，能让此地佛声不断，使我们的道场真正成为莲华世界。"佛光禅师话刚说完，学僧乙起立合掌禀告说："老师，戒住则法住，佛门没有比戒律再重要的事，所以我想到宝华山学戒堂学律法。"

禅师听后，也很高兴，说："很好！你学律回来，能让我们大家都具有三千威仪，八万细行，真正成为一个六和僧团，真是太好了。"

佛光禅师话音未落，学僧丙亦整衣顶礼说道："老师，学道莫如能即身成就，弟子思前想后，急于到西藏学密宗去。"

禅师淡淡一笑，答道："很好！密宗讲究即身成佛，等你学密回来，影响所及，我们这里一定有许多人成就金刚不坏身。"

听了佛光禅师和众学僧的对话，一旁的侍者很不以为然，非常不满地问道："老师，您老是当今一代禅师，禅是当初佛陀留下的以心印心的法门，成佛作祖，没有比学道参禅更重要的事，他们应该留下来跟您学禅才对，您老怎可鼓励他们走呢？"

佛光禅师听后，哈哈大笑，说道："我还有你啊！"

佛光禅师是怎样做到大肚能容天下之事的？

我们都知道这样一个生活常识：倾听和宽容使我们更富于智慧，这同时让我们在生活中显得更精明——固执地否定他人是很不可取的。要努力地创造自己成功的生活，就应学会照顾他人。但做起来，我们发现这真的很难。我们会发现，为我们一致的看法找根据总是更容易；而要照顾乃至捍卫与我们相反或不同的意见时，简直是十分困难。

与人争论时，我们的目的一般也只是想证明自己是对的，而别人是错的——不是为了增加我们对问题真正的了解和认识。

实际上，我们每个人随着年龄的增长，都或多或少会有一些偏见。其中，最明显的偏见是对与自己意见不同的人感到害怕和怀疑，心底里恐惧这会侵犯到我们。然而，随着我们的成熟和经验的增多，我们可能会慢慢发现：其实，宽容他人会带给我们更多。

对观点不同的看法做到宽容，意味着要有很大的灵活性，要用更开阔和更合理的认识来改变或修正我们的心灵。

我们如何像佛光禅师那样有宽阔的胸怀，从容地对待生活中的不同利益追求、意见和看法呢？

请看这样一个话头（话题）：我一直有的，是谁？

答案很简单："我"自己。

悟出了，请哈哈一笑：大家各自有自己，各人的事情各人办，各人的事业各人干，何其公平。

你的心里，是不是放下了太多"介意"的东西？

正如佛光禅师的度量风范：一个心灵的自主者，可以积极地接纳和鼓励其他人、其他观点。

允许和肯定别人是一种睿智，也是一种度量，容纳别人的不同观点，实际是在充实自己。

毁谤他人就是挖自己的墙根

《菩萨戒本经》上说："若菩萨，为贪利故，自叹己德，毁訾他人，是名第一波罗夷处法。"如果菩萨为贪图名利，自己赞叹自己的德行，毁谤他人，这就是第一重罪。

有诗云：

何人百般诽谤吾，虽已传遍三千界。

吾犹深怀仁慈心，赞叹他德佛子行。

如果自己对别人没做任何有害之事，而别人却对你作无因诽谤，并大肆宣扬，使自己的臭名远扬，此时，对于修行者来说，非但不憎恨他，而是真实地慈悲他可怜他，而且不断赞叹他的功德。但对我们一般人来说，往往是自己确实做错了，但在别人批评时，还是气得脸红脖子粗，过后还耿耿于怀，开始去对他人作无因诽谤，这对一个修行者来说是极不应该的。当遭到别人的诽谤时，可以这样多向内观自己：这是因果报应、是空谷声，是对自己修行的考验，自己不能被八风吹动，对方可能是佛菩萨的化现，即便是个凡夫我也不能对他生嗔心。因为，他已经造了恶业，非常可怜，应从心底里对他生起一个悲心，并经常赞叹他的功德，这才是大乘佛子的行为。

有一句话说得非常经典，那就是："诽谤别人，就像含血喷人，先污染了自己的嘴巴。"它的意思是说，诽谤别人的人，最终都不会有好下场。

喜欢诽谤别人的人，一个最基本的心态就是：我不能干，你也不能表

善心做人 凡心做事

——善心是对人生的奖赏
凡心是获得幸福的源泉

现得比我能干。要是有人表现得比他们强，他们就会采取各种手段进行打压，千方百计把别人踩下去。事实上，中国五千年来流行的中庸之道的文化，其中就有"削尖拉平"的内容。在这种不正常的观念影响下，常常是天才遭到扼杀，创新遭到限制。

还有的人，由于自己思想僵化，没有聪明的头脑，自己不仅没有什么建树，反而却嫉妒别人的聪明才智，把人家的劳动成果，看成是别有用心，就是为了张扬自己，就是为了出风头。不仅不能够虚心向别人学习，反而到处诬陷诽谤别人，这恰恰暴露了自己的虚荣心，甚至是不良居心。

你诽谤了他人并不能提升你自己的威望，也不会由此发财，更不会由此得福。恰恰相反，被你诽谤的人会觉得你这个人过河拆桥，无中生有，人性不强。你挖空心思把精力用到诽谤别人之事上，你自己的事业就会受影响。所以说，你损害他人的同时，也损害了你自己。

人生在世，要与人为善，与人为友，不要以你的狭隘之心去度量君子之行。诽谤对于一个心底无私、光明磊落的人来讲，是没用的。

喜欢诽谤别人的人，实际上自身极不自信。与他们相处时，应该多给一些赞美，多恭维，让他们觉得很舒服。自己在创造成绩时，不要洋洋自得，而要保持谦虚谨慎的心态；总结成功时，要多强调偶然因素或者别人的帮助；适当的时候，一些容易创造成绩的机会，可以适当让给喜欢妒忌的人，让他们也有成就感。但要注意一点，忍让应该有限度，不能过于卑躬屈膝。

喜欢诽谤别人的人，通常是心胸狭隘的人。与他们相处时，首先还是要多赞美，构筑一个轻松的环境，猜疑很大程度上和沟通不良有关。其次，对于一些中伤和猜忌，要有理有节地进行解释，据理力争。对于恶意的诽谤，如果用沟通的方式无法解决，就得寻求行政或司法等途径了。

善意奉劝诽谤族们，收敛小人之心，定个适合于自己的人生目标，专心致意去奋斗，就会成功。别再犯浑了，人生是短暂的，精力是宝贵的，**诽谤他人就是挖自己的墙根！**

不要以惯于诽谤他人而知名。不要精明于怎样损人利己，因为这并不困难，只是会遭人唾弃。所有的人都会向你寻求报复，说你的坏话，并且由于你孤立无援而他人多势众，你会很容易被打败。不要对别人幸灾乐祸，也不要多嘴多舌。一个搬弄是非的人会被人们深恶痛绝。他或许可以混迹在高尚的人群中，但他们只会把他作为一个笑料，而不是作为谨慎的榜样。说人坏话的人会听到别人说他的更不堪入耳的话。

学会宽恕而不是怨愤

"常行于慈心，除去恚害想。"《贤愚经》上的这句话告诉我们：作为一个人，一定要保持一颗慈爱的心，除去那些怨恨别人的想法。因为憎恨别人对自己是一种很大的损失。恶言永远不要出自于我们的口中，不管他有多坏，有多恶。你越骂他，你的心就被污染了，你要想，他就是你的善知识。既然我们不能改变周遭的世界，我们就只好改变自己，用慈悲心和智慧心来面对这一切。拥有一颗无私的爱心，便拥有了一切。根本不必回头去看咒骂你的人是谁？如果有一条疯狗咬你一口，难道你也要趴下去反咬它一口吗？

社会是人与人组成的，因此，谁都不可以孤立地生活在这个世界上。在生活中，我们很难避免不与他人之间发生摩擦，或者是不愉快的冲突，尤其是当你感受到自己遭遇到不公平的待遇的时候，你是否会对他人产生敌意呢？你是否会因此而在心里对他人怀有怨恨之心呢？

首先可以肯定地说，当你受到了真正的不公平的待遇的时候，你完全有理由怨恨他人，因为你是真的受了委屈。可是，请你冷静地想一想，当你在怨恨他人的时候，你自己从中又得到了什么呢？事实上，你所得到的只能是比对方更深的伤害。

你的怨恨对他人不起任何作用，反而是你自己内心里的怨恨影响了你自身的健康，因为你的怨愤态度使你产生了消极情绪，这种消极情绪对你

的健康和性情都会产生很大的负效应，从而对你造成伤害。更为严重的是，你总是想着自己受到了不公平的待遇，总是因此而极不愉快，从而也就会因此招致更多的不愉快。

想想看，你是否有必要改变自己的态度呢？你要知道，我们所受到的不公，仅仅是因为我们的心里有所欲求。如果我们不看重自己里上的这份欲求，或者把这份欲求看得很淡，那么不公又从何而起呢？

当然，除非有特殊的原因，你不必向那些与你之间存在着嫌隙的人表现友好，但是，如果你不愿意原谅和学会遗忘，那么你也就否认了你自己是一个真正的受害者。这样一来，你对他人的怨愤也就会因此而升级，你自己所受到的伤害也同样会由此而升级。

一只脚踩扁了紫罗兰，它却把香味留在那脚上，这就是宽恕。

我们常在自己的脑海里预设了一些规定，认为别人应该有什么样的行为。如果对方违反规定，就会引起我们的怨恨。其实，因为别人对"我们"的规定置之不理，就感到怨恨，不是很可笑吗？

大多数人都一直以为，只要我们不原谅对方，就可以让对方得到一些教训。也就是说："只要我不原谅你，你就没有好日子过。"其实，倒霉的人是我们自己：一肚子窝囊气，甚至连觉也睡不好。

如果当你觉得怨恨一个人时，请先闭上眼睛，体会一下自己的感觉，感受一下自己身体的反应，你就会发现：让别人自觉有罪，你也不会快乐。

一个人爱怎么做就怎么做，能明白什么道理就明白什么道理。你要不要让他感到愧疚，对他差别不大，但是却会破坏你的生活。假如鸟儿在你的头上排泄，你会痛恨鸟儿吗？万事不由人，台风带来暴雨，你家地下室变成一片沼国，你能说"我永远也不原谅天气"吗？既然如此，又何必要怨恨别人呢？我们没有权利去控制鸟儿和风雨，也同样无权控制他人。老天爷不是靠怪罪人类来运作世界的，所有对别人的埋怨、责备都是人类自己造出来的。

即使遭逢剧变所引起的怨恨，在人性中也依然可以释怀。因为如果你希望自己好好活下去，就得抛开愤怒，原谅对方。

悲痛和愤怒中的人大致可以分为两种：第一种人始终生活在愤怒及痛苦的阴影下；第二种人却能得到超乎常人的同情心和深度。

令人心碎的事，例如大病、孤独和绝望，在人的一生中都难以幸免。失去珍贵的东西之后，总有一段时间会伤心、绝望。问题是，你最后到底变得更坚强呢，还是更软弱？

宽恕、忘记对他人的怨愤之心，这是一个智者的做法。

事实上，忘记你所受到的不公，忘记对他人的怨愤，最终最大的受益者只能是你自己。当你忘记了怨愤，学会了遗忘和原谅，你就会发现，原来你所认为的那些所谓的不公，其实根本不值一提，因为它们在你的一生之中，是那么的微不足道。而你同时也会认识到，抛开对他人的怨愤之心，你所获得的快乐是你这一生都享用不尽的。

学会宽恕而不怨愤，这是我们应具备的最重要的美德之一。

忘记对他人的怨愤之心，这是一个智者的做法。如果你还没有学会遗忘和原谅，那么从现在开始，你就应该要求自己，甚至可以强迫自己，不要怨恨别人。

赞美别人，就是肯定自己

赞美别人是一种关心他人的方式，也是一种良好心理品质的表现。你向别人传递一个真诚的赞美，不但给对方心灵带来光明，同时也丰富了自己的心灵！因此，《梵网经》上说："而菩萨应代一切众生受加毁辱，恶事向自己，好事与他人。若自扬己德，隐他好事，令他受毁者，是菩萨波罗夷罪。"

有一位富翁，新聘了一个手艺高明的厨师。这个厨师有口皆碑，但每次端上全鸭大餐时，鸭子总是只有一条腿，富翁怀疑另一条腿可能被厨师

偷吃了。

一天，富翁又发现菜盘中只有一条腿的鸭子，他非常生气，就把厨师叫来，厉声问道："鸭子有几条腿？"

"老板，鸭子只有一条腿。"厨师坦然回答。

富翁震怒，斥责厨师："就是三岁的小孩也知道鸭子有两条腿，为什么你还强辩？"

"如果你不相信，那你就跟我到后院去看看吧，老板。"

于是，富翁跟着厨师来到后院，只见鸭子们都睡着了，一只脚藏在下腹，另一只单足伫立。富翁见状，以双手大力地鼓了几次掌，鸭子被惊醒，缩在下腹的腿也自然垂下了。

"你好好看看，鸭子不是有两条腿吗？"富翁怒气未消地说。

厨师淡淡地说："没错啊！是因为你鼓掌才有两条腿。我平时做菜，从没听你说过好，所以鸭子才只有一条腿。"

小小的亲切可以推动世界，轻轻的掌声足以温暖人生。厨师渴望鼓励的心情，我们深表同感。的确，再也没有比赞美更便宜而又不花钱的鼓励。

由衷地赞美，是人生中最令对方温暖却最不令自己破费的礼物。当然，它的价值也是难以估量的。当你用心观察到对方的优点，并且发自真心地表达赞美，友善的关系便在一言一语中逐渐建立、累积。情人间的赞美，让爱情更加滋润；亲人间的赞美，让家庭更加幸福。许多实验证明：在充满赞美的环境中长大的人，比较有自信。经常受到老师赞美的学童，课业成绩比较好。甚至，连农夫在牧场上赞美一头母牛，都能使它产出更多、更好的牛奶。千万不要忽视赞美的力量。

每一个人都喜欢听好听的话，但是，不一定人人都讲得出好听的话。就算能讲出好听的话，也不见得就等于是"赞美"。赞美，必须有发自真诚的内在，并且有事实的根据，才能感动人。否则，很容易流于肤浅，变成阿谀谄媚，效果适得其反。

"赞美"和"谄媚"最大的不同，就在于所陈述的内容是否属实，有没有过度的夸张或扭曲；其次，就是动机是否单纯。由衷地赞美，是不求回报的，并没有想要从对方身上获得什么好处，所以绝对不会沦为"逢迎拍马"。

对自己缺乏自信的人，讲不出赞美的话。他过度担心对方会以为他的赞美里有别的企图，为了表示自己的清白，他宁可保持缄默。生性自卑的人，更吝啬于赞美别人，他误以为夸赞别人的优点，会把自己比下去。

其实，赞美别人，就是肯定自己。由衷地表达对别人的欣赏，就是对自己有信心的表现。在别人的特色中，肯定了自己的气度；在别人的优点中，肯定了自己的眼光；在别人的表现中，肯定了自己的观察。

不要以为赞美别人是一种付出。从"生命能量"的观点来说，这其实是一种能量的转换。对别人赞美的时候，你已经获得了更多的力量。你从嘴里吐出字字赞美的话，一如粒粒珍珠，挂在胸前，它令你充满喜悦的心，更加光华耀眼。

很多人都知道怎样去奉承，但却不知道如何来赞美。赞美是种欣赏与喜悦的惬意，称颂要在真心，嘉许要出善意。过分的赞美，则是虚伪；赞扬不值得赞扬的人，等于变相的诽谤。夸奖要像醉人的芳香，浓淡适中，清雅宜人；赞许又像黄金钻石，只有稀少，才有价值。最机灵的喝彩，就是让人多说，而自己用心倾听。

人比人，气死人；人捧人，出伟人。赠给别人钱财，他很快就会花光；如果你给别人鼓励，那他永远也不会用完。更何况，欣赏别人就是认同自己，我们何乐而不为呢？

请不要吝啬你的赞美，因为赞美是春风，它使人温馨和感激；请不要小看你的赞美，因为赞美是火种，它可以点燃心中的憧憬与希望。赞美也是照在心灵上的阳光，没有阳光，我们便不能生长。因此，愿赞美的种子播在你我的心田，愿赞美的阳光照在每个人的身上！

吝啬的人，别人对他也会吝啬

我们都提倡节约，但节约和吝啬是完全不同的两个概念。因此作为一个人，不能吝啬。这就如《菩萨戒本经》中所讲的那样："如果菩萨，自己有财物，生性吝啬，有贫苦众生，没有依靠，来乞求施舍，却不生起大悲之心，施给他们所求之物。或者有想听法的人来求法，却吝惜不说，这就是第二重罪。"

从前有一个非常吝啬的人，他从来没有想过要给别人东西，连别人叫他讲"布施"这两个字，他都讲不出口，只会"布、布、布……"个半天，好像一讲出这两个字，自己就会有所损失。

佛陀知道了这件事后，就想去教化他，于是到了他住的城镇去开示。佛陀就告诉大家布施的功德：一个人这辈子之所以富有，比别人长得高、长得帅，所有一切美好的事物，都跟上辈子的布施有关。

这个吝啬的人听了佛陀的教示之后很感动，可是他仍然布施不出去，他为此深感烦恼，便跑去找佛陀，对佛说："世尊呀！我很想布施，但是做不到。"佛陀从地上抓了一把草，把草放在他的右手，然后要他张开左手，佛陀说："你把右手想成是自己，把左手想成是别人，然后把这把草交给别人。"这个吝啬的人一想到要把这把草给别人，就呆住了，急得满头大汗，仍然舍不得给出去。最后，他突然开悟："原来左手也是我自己的手。"就赶紧把草给出去，自己也为此深感欣慰。第二次他只花了约一分钟，就把草给出去了。后来，他只要很简单地就可以把草给出去。佛陀又说："现在你把草放在左手，把右手张开，将草交给别人。"第一次他也是想了半天才给出去，第二次他很容易就交出去。最后，佛陀对他说："你现在把这把草给别人。"他便把这把草给了别人。

经过不断地练习,这个有钱人便把财物布施给别人,最后把身体也布施给了别人,结果证得了菩提。

这个故事令我们非常感动,认识到菩提的追求没有资格的限制,再吝啬、再坏的人,只要发心想追求菩提,就可以透过训练开启菩提心。训练开启菩提心最简单的方法只有一个,就是时时让自己往光明、美好、良善的地方走。

还有个很好笑的笑话,是这样的:

有一天,地狱的宫殿里非常吵闹,阎王走近一看,原来在举办投胎仪式。人们大多兴奋异常,只有一只猴子在角落哭泣。阎王忙问怎么回事,猴子说:"报告阎王,张三李四等都已转世为人,为什么我不可以投胎人间?"

"你全身是毛,如何为人?"阎王说。

猴子急忙说:"把我身上的毛拔光,不就可以了吗?"

阎王只好拔猴子身上的毛,但只拔了一根,猴子就大声哀嚎:"哎呀,好痛啊!"

阎王见状,无奈地叹道:"你一毛不拔,何以为人?"

人生最无谓的节省是吝啬,一毛也不拔,一点也不舍,这种人叫谁都会摇头叹息。

过去有个财主,他死后留下了两车的黄金,送到国王那里。国王就用这个事情来问佛:"是什么原因使他得到这么多的黄金?"佛说:"他曾经供养给一个阿罗汉一碗粥,所以他生生世世,不缺乏金钱。"国王又问:"那为什么他自己也不肯吃,也不肯喝,而是守着这些财宝呢?"佛说:"在布施的时候,他又后悔了。他说,这碗粥我不如给我的仆人吃。所以,他同时又得了一个果报,就是生生世世都要吃仆人的粮食、饭菜。"国王又问:"他现在要到哪去?将来会怎样?"佛说:"他要下地狱,由于吝啬成性,不光是对别人吝啬,对自己也吝啬。过分的吝啬,最后要到地狱,断绝善根。"

守财不施，是谓钱奴。挥霍者在剥削子孙，而守财奴则剥削自己。吝啬的人，是被财产占有，而非占有财产；吝啬的人，对于他所拥有的，正如他所没有的，同样地感到缺乏。小气的人，永远也成不了大事。

千栋房屋空身去，万顷良田撒手归。我们空手地来，又空手地去，既无法拥有自身，又何苦执着外物？既不能留住生命，又怎能安享钱财？可给，何不多给！能施，何不乐施！

第五章
情义无价 把爱撒向人间

在佛学讲义中,经常会提到"善根"这个概念。在这里我们不必深入地探讨它在佛学中的深奥定义,通俗地讲,善根就是善良的"根",就是我们心中的爱。没有爱的人是不会起善念的人,更没有资格做好人。天地之间有真爱,爱你身边的人,你的爱人,你的亲人,让他们幸福,你就是个好人。

真心真意爱一回

"前世修来同船渡，百世修来共枕眠。"有人认为婚姻是两个人的缘分，三生石上早已印上点点痕迹。所以不必在茫茫人海中寻她千百度，只要静心等待。此话有道理，但是，这种爱的机遇毕竟是少数的，你痴心相候，爱神却总是姗姗来迟，到头来，只落得一场欢喜一场空。世间一切事，一半靠机遇，一半靠努力。幸运女神总是垂青于努力追求她的人，爱神也是如此。

小张当时追女朋友的时候，可怜之极，他是一个才出校门的学生，囊中十分羞涩，手里没有多少钱。正遇上情人节，为了向对方表明心迹，他拿着仅有的几十块钱，在超市买了两个杯子和一瓶红酒，超市那天赠送红玫瑰一枝，虽然送的这枝玫瑰已不够新鲜，可是它也算是一枝玫瑰啊，情人节的必备品。

拿回这枝有些干枯的玫瑰，小张把它放在桶里养起来。还不是他女朋友的杨小姐回来后看到这枝可怜的玫瑰，立刻被小张打动了，没钱的小张有的只是一颗真心而已。

多年以后，杨小姐仍会对小张提起，她当初就是感动于这一枝赠来的花，她说："钱不是不重要，但没钱的时候都能想到女人的虚荣，说明这样的男人是很细心和值得依赖的。"于是，小张每次送花给小杨的时候，还是只有一枝。

爱情是人类生活永恒的主题。爱是美丽的诗篇，爱是甜美的甘泉，人生在世，茫茫红尘，谁又能抵御爱的魅力呢？人活一世，不过百年，何不真心真意爱一回呢？爱得无憾、无怨、无悔，爱得死去活来，千转百回，爱得畅快淋漓，轰轰烈烈。

生活中不是缺少爱，而是缺少爱的发现。爱的出现和长久，需要用爱的艺术来发掘和维持。因此我们在追求爱的同时，别忘了研究一下爱的艺术。

用爱赢得永恒

只要我们将自己奉献给他人，爱对我们而言便是随手可得的。我们的爱给予他人，我们会因此得到更多的爱。

我们用一个故事来证明这个伟大的信念，这是最动人心弦也最具说服力的故事：

琳达是个美国女孩，她作为一名老师，只要有时间，便从事一些艺术创作。在她二十八岁的时候，医生发现她头部长了一个很大的脑瘤，他们告诉她，做手术存活几率只有2%。因此他们决定暂时不做手术，先等半年看看。

她知道自己有天分，所以在六个月的时间里，她疯狂地画画及写诗。她所写的诗除了一首之外，其余的都被刊登在杂志上；她所有的画，除了一幅之外，都在一些知名的画廊展出，并且以高价卖出。

六个月之后她动了手术。在手术前的那个晚上，她决定要将自己奉献出来——完全地、整个身体地奉献。她写了一份遗嘱，遗嘱中表示如果她死了，她愿意捐出她身上所有的器官。

不幸的是，琳达的手术失败了。手术后，她的眼角膜很快地就被送去马里兰一家眼睛银行，之后被送去给在南加州的一名患者，使一名年仅二十八岁的年轻男性患者得以重见光明。他在感恩之余，写了一封信给眼睛银行，感谢他们的存在。他说他还要谢谢捐赠人的父母，他们一定是一对难得的好父母，才能养育出愿意捐赠自己眼角膜的孩子。他得知他们的名字与住址之后，便在没有告知的情况下飞去拜访他们。琳达的母亲了解了他的来意之后，将他抱在怀中。她说："孩子，如果你今晚没有别的地方

要去，爸爸和我很乐意和你共度这个周末。"

他留下来了。他浏览着琳达的房间，发现琳达曾经读过柏拉图，而他以前也读过柏拉图的点字书；他发现她读过黑格尔，而他以前也读过黑格尔的点字书。

第二天早上，琳达的母亲看着他说："你知道吗，我觉得我好像在哪儿见过你，可是就是想不起来。"突然她想到一件事，她上楼拿出琳达死前所画的最后一幅画，那是她心目中理想男人的画像。画上的男人和这个年轻人几乎一模一样。

然后，她母亲将琳达死前在床上所写的最后一首诗读给他听：

两颗心在黑夜里穿梭，

坠入爱河，

但却永远无法抓到对方的眼神。

最彻底的、最善良的爱让琳达以奉献她的生命超越了物质实体，在精神世界中，用爱赢得了永恒。

爱是一条流动的河

刘刚和王微，是华南某名牌大学的高材生。他们俩既是同班同学，又是同乡，所以很自然地成了形影不离的一对恋人。

一天刘刚对王微说："你像仲夏夜的月亮，照耀着我梦幻般的诗意，使我有如置身天堂。"王微也满怀深情地说："你像春天里的阳光，催生了我蛰伏的激情。我仿佛重获新生。"两个坠入爱河的青年人就这样沉浸在爱的海洋中，并约定等刘刚拿到博士学位就结成秦晋之好。

半年后刘刚负笈远洋到国外深造。多少个异乡的夜晚，他怀着尚未启封的爱情，像守着等待破土的新绿。他虔诚地苦读，并以对爱的期待时时激励着自己的锐志。几年后，刘刚终于以优异的成绩获得博士学位，处于兴奋状态的他并未感到信中的王微有些许变化。学业期满，他恨不得身长翅膀脚生云，立刻就飞到王微身边，然而他哪里知道，昔日的女友早已和别人搭上了爱的航班。刘刚找到王微后质问她，王微却真诚地说："我对你已无往日的情感了，难道必须延续这无望的情缘吗？如果非要延续的话，你我只能更痛苦。"刘刚只好退到别人的爱情背面，默默地舔舐着自己不见刀痕的伤口。

或许我们会站在道义的立场上，为品德高尚、一诺千金的刘刚表示惋惜，但我们又能就此来指责王微什么呢？怪只能怪爱本身就具有一定的可变性。爱情是变化的，任凭再牢固的爱情，也不会静如止水，爱情不是人生中一个凝固的点，而是一条流动的河。

放爱一条生路

在希腊神话中有这样一个故事。

有一个叫伊俄的公主有一天正在为她的父亲牧羊的时候，为万神之父宙斯看见。宙斯当然是"有妇之夫"，而且他的妻子赫拉还是个嫉妒心非常强烈的女人。但伊俄的美丽却让宙斯无法"漫不经心"，宙斯很快坠入爱河。

然而就在这时，赫拉为了监视自己丈夫的行踪，已独自乘云下降到人间。为了能从赫拉的忌恨中留住他的情人，宙斯让伊俄变成一头雪白的小母牛。可是赫拉立刻看透了丈夫的诡计，她假意夸赞这头美丽的动物，并询问小母牛的一些情况。宙斯扯谎说这小母牛只不过是地上的生物，没有别的。赫拉假装对于他的答复很满意，但要求他将这头美丽的动物送她作为赠礼。宙斯无奈就决定暂时将这光艳照人的"爱物"赠给他的妻子。

赫拉表示很喜欢这赠礼。她在小母牛的颈子上系了一根带子，并得意洋洋地将她牵走，小母牛的心怀着人类的悲哀，不知道这女神会将她牵到

何处。这女神知道除非把她的情敌看守得非常严密,否则,她是不会放心的。她找到阿瑞斯托耳之子阿耳戈斯,因为阿耳戈斯是一个百眼怪物,当睡眠的时候,每次只闭两只眼,其余的都睁着,他可以无时无刻地监视着这头小母牛。后来焦急的宙斯只好召唤他的爱子赫耳墨斯,让他帮忙杀死了阿耳戈斯,方才救出伊俄。

伊俄自由了。即使她仍然是母牛的形体,但她可以无拘无束地奔跑。可是赫拉仍然不肯善罢甘休,她追逐伊俄逼至世界各地。经过长期艰难的行程,这一天伊俄来到埃及。她跪在尼罗河岸上,昂着头,在默默的怨诉中仰望着天上的宙斯。宙斯看见了她,硬着头皮去请求赫拉怜悯这个可怜的女郎。他说她没有诱惑他趋于不义,并指着下界的河川发誓。当他正在恳求时,赫拉却从澄明的天空听到小母牛的悲鸣,她心软了,许可宙斯恢复伊俄的原形,并答应成全他们。爱这种情愫非常复杂,也许有的人已觅到温暖的港湾可以休憩在甜美的温床上,也许有的人终生与它无缘,也许有人在甜蜜的梦中突然被伤感的钟声惊醒,不得不面对眼前爱被夺走的现实。此时当你揭开爱情的面纱时,这份真爱已不属于你。怎么办?不妨少些愤怒、怨恨,多些沉默、宽容,放"真爱一条生路",同时,对自己也是一种解脱。

心与心的共鸣

女孩和他青梅竹马,相识二十年,相恋八载,她应该顺理成章地成为他的妻子。但女孩一直不甘心,她总觉得两人相处时间太长了,从无话不说到无话可说,没有女孩所渴望的浪漫与激情。在女孩的记忆中,他一直不曾对她温柔地说过爱。

直到有一天,他郑重地对她说:"八年抗战还有胜利的日子,我们该结婚了。"女孩找不出拒绝的理由,但也找不到立即应允的感觉。女孩说要考虑一下，她想让他给她答应的理由。他竟点点头，没有表示任何异议。

两人一起上街，并肩走着。到了一个拐角处，街道忽然变窄，本来在他右边的女孩轻巧地向前一跳，跑到了他的前面，走在他的左边。他忽然慌了，急忙跑步赶上，将女孩拉到右边，说了声"危险"。一辆大卡车就在此时呼啸而过。

并没有惊天动地的事情发生，卡车将地上的泥水甩了他一身。他仍在嗔怪女孩："不是告诉过你，走路要在我的右边，为什么不听？"这只是一瞬间，女孩却感到超过一生的感动和幸福。他一直对她呵护有加，即使走路时也要将她放在右边的内侧，他用他的身体为她遮挡左边外侧的人流及一切。在爱的历程中，最真最美最让我们感念一生的往往是那些不经意地渗入我们生命中的细节，而无心的一举一动其实包含了许许多多心与心的共鸣以及爱与爱的默契。

随爱"远行"

姜术是一位医生，在北京一家很有名望的医院工作。丈夫张仪是一家工程公司的老总，每天忙得不可开交，马不停蹄地在各地跑来跑去，两人见面的时间很少。只是偶尔在周末才聚一聚。

一次，姜术和张仪偶然间在医院的急诊室相遇了。张仪向妻子解释说："我带一个女孩来看病，她是我单位的员工，由于工作劳累过度晕倒了。"姜术看了那女孩一眼，女孩看上去比张仪小很多，脸上带着点野性。姜术心里有一种说不出来的感受。

她便偷偷地到丈夫工作的公司去打探。大家都说从来没有见过像她所描述的这样一个女孩。

姜术听后，立即像失去重心一样。回来后，她给丈夫打了个电话，说

她已出差在外地，要一个月后才回去。

接着她便到丈夫的公司附近蹲守。

蹲守的结果是证明了那女孩已与张仪同居很久。怎么办？是离婚还是抗争？姜术陷入了极度痛苦的深渊。那个晚上，她坐公共汽车回家。

车开得很慢，司机好像很懂姜术的心情。车上只有三个乘客，另外两个乘客在给亲人打电话，脸上洋溢着幸福的表情。姜术痛苦地闭上眼睛，回想起摊放在桌上半年多的《离婚协议书》。

突然有人叫她，是那位司机在跟她说话："妹妹，你有心事，"姜术没有回答。"我一猜您就是为了婚姻，"姜术的脸色微微地有点冷暗。可司机却当没看见一样继续说："我也离过婚。"

姜术眼睛微微一亮，便竖着耳朵听。

"我和我的妻子离婚了。"姜术的心不由紧了一下。"她上个月已经同那个男人结婚了，他比她大四岁，做翻译工作，结过婚，但没孩子。听说，他前妻是得病死的。他性格挺好的，什么事都顺着我前妻，不像我性子又急又犟，他们在一块儿挺合适的。"

姜术觉得这个司机很不寻常。

"妹妹，现在社会开放了，离婚不是什么丢人的事，你不要觉得在亲友当中抬不起头。我可以告诉你，我的妻子不是那种胡来的人，她和那个男人在大学里相爱四年，后来那个男人去了国外，两人才分手。那个男人在国外结了婚，后来妻子死了，他一个人在国外很孤独，就回来了。他们在同学聚会上见了面，这一见就分不开了。我开始也恨，恨得咬牙切齿。可看到他们战战兢兢、如履薄冰地爱着，我心软了，就放他们一条生路……"

姜术的眼睛有些湿润了，她想起丈夫写给她的那封信：

我没有想到会在茫茫人海中与她邂逅。在你面前，我不想隐瞒她是一个比我小很多的女人。我是在一万米的高空遇见她的，当时她刚刚失恋。我们谈了几句话之后，她就坦诚地告诉我她是个不好的女孩，后来我知道她和我生活在同一座城市，我不知为什么，从那一天起，心里就放不下她。后来我们频频约会，后来我决定爱她，照顾她一生。因为她，我甚至想放弃一切……

　　车到家了，姜术慢慢地走上楼。第二天她很平静地在《离婚协议》上签了字。当你所面临的是这种婚外萌发的真情时，这种真爱就如生长在荆棘丛中的一株野花，在临近深秋时绽开。虽然它开得不是地方，不合时节，但它已在凉凉的秋风中颤栗地开放。你又何须一脚踏死？即使踏死你也将付出惨重的代价。不如退后一步，像一首歌中唱的那样，人生没有翻不过的山，没有蹚不过的河，更没有过不去的坎。

　　因为在人生的旅途上，生活给了你伤痛、苦难，同时也给了你退路和出口。所以当你所爱的人为了另一个珍爱的人要执意离你"远行"时，你无须做伤痕累累的最后决斗，在适当的时候选择放手。

沉默之中有大爱

　　省级报纸的主编是位精明能干的女士，有一天，上班后两个小时，她要召开一个中层领导参加的工作会议。她一翻公文包，才发现准备好的讲话提纲忘在家里，看看时间，还来得及，她决定坐车回家去取。她急匆匆回到家中，打开门，"触目惊心"的一幕让她呆立在那儿：自己的丈夫正和一个陌生的女人在床上做爱……

　　她愕然了，脑子里一片空白，她简直要晕过去。站在那儿，她周身颤抖着，她绝望地看着丈夫。有一瞬间，她甚至想举刀将他和那个野女人杀掉。就在她没有回过神来的时候，那女人仓皇而逃。她极力使自己镇定下来，什么也没说，她找到那个昨晚上准备好的提纲，强撑着，用手扶着楼梯下了楼。

　　那个中层干部会议，她开得实在太差，她精力难以集中，那个仓皇逃走的女人总在她脑海里晃动。开过会后她将办公室的门反锁上，将电话线拔掉，躺在她办公室的床上，痛心的泪水夺眶而出，她万没有想到她自认

为与她感情甚笃的丈夫会干出这等事情。

但她毕竟是一位成熟沉稳的人，她躺在那儿，辗转反侧，她想，丈夫与这女人肯定已不是一时半日，倘若不是今天被她遇上，一切不还是一如既往吗？她开始反思自己，是自己年岁不行了，没有了姿色，在丈夫心中失去了魅力？还是自己忙忙碌碌，在性生活上与丈夫配合得太少？她想到了离婚，女人特有的尊严感让她深深地感到这个野女人不仅玷污了她的家，也玷污了她的心，她真的无法接受这一现实。而她又想到正在读初三的女儿茵茵，她简直就像公主一样，过着无忧无虑的生活；而且茵茵常常因爸爸妈妈的情投意合而骄傲。她做梦都不会想到爸爸妈妈会离婚，爸爸妈妈的形象在她心中从来都是那么崇高、那么纯正，倘若真是因此而离婚，给女儿带来的不仅是失望和悲哀，更主要的是纯洁心灵的彻底崩溃，这对于一个青春少女，将是一个严峻的现实，说不定会带来什么样的后果，特别是现在的孩子内心世界都是那样的脆弱。为了逃避生活的残酷，她可能会疯，可能会离家出走，可能会自杀……不能，她摇着头，绝不能那样，她打消了所有的念头，她插上电话线，拨通了丈夫的手机。她说："你现在一定是很不平静吧？你能发生这种事儿，让我非常吃惊，但我会原谅你的。"她将"原谅"两字说得很重很重，她说："今天是周末，晚上我们一起去接茵茵，然后我们一起去吃晚餐，你看可以吗？"

其实，丈夫在接她电话的始终，心里都是忐忑不安的，他不知她会做出一种怎样的决定。听到这里，丈夫哭了，他说："你给我一次机会吧，就当我们重新恋爱！"

她沉默下来，想到丈夫以前对她那些难忘的温情细节，不知如何回答丈夫的话。

那天晚上，他们一起去吃饭，像以前那样，女儿是什么也没有发现。

回到家，她关上门，对丈夫说："我知道，你一定很爱她，不然你不会领她回家，告诉我一句真话，你希望和她结婚吗？"丈夫说："你真的希望我说真话吗？""对！"丈夫说："其实，我和她已经很久了，如果想和她结婚，早就结了，在我心里最爱的依然是你和孩子。"她问："她有丈夫吗？""有。她也很爱她的丈夫。"

她沉默了，作为一个知识女性，她也常常探讨性与爱的关系问题。她在内心深处反复地衡量着丈夫的过去和现在，可她无论如何都得不出否定的结论，她相信丈夫是个有良心的男人。她哭了，她依然是趴在他的怀里哭的。丈夫一边替她擦泪，一边真挚地说："让我们重新开始，我一定会珍惜这个家。"

那一夜，他们睡得也很甜蜜，第二天，一切照常，对于女儿，什么都没有发生。

婚姻里杀出一个"第三者"，在当今这个时代，是很多人都无法回避的现实，如何对待这个问题，就可以见识聪明者和愚蠢者的不同。聪明的人会看本质，他是不是偶尔拈花惹草，而骨子里依然不忘这个家？倘是如此，她会宽容，她会大度，以宽容来弥合婚姻，使其重现美满。而愚蠢的人会大嚷大叫、大吵大闹，最后丢了名声也失去爱情，弄得一枪两眼，所以面对爱人的外遇你千万要谨慎，看清问题的本质，然后再做出决定。

让爱的细节里多些理解

爱情的成功与否其实暗含着很多原因。我们要有付出的能力、理解的能力、宽容的能力和自我承担的能力。付出才能得到回报，理解和宽容才能营造爱情继续生长的环境，自我承担才不致使爱情成为萎靡不振的祸首。

在日常的生活中给对方多一些理解，在细节中给予对方更多的关心和体贴，不要动辄揪住"鸡毛蒜皮"的小事不放，你会发现生活更美好了，家庭更和睦了。例如，妻子娘家来人，丈夫疏忽，忘了给客人沏茶。妻子大声呵斥起来："你这样不懂规矩，是不是看不起他们？你看不起他们，就是看不起我……"这时，丈夫决不能采取"以牙还牙"的顶撞态度，而应有"宰相肚里能撑船"的气量，暂且不去计较妻子的话说得难听或是否

符合事实,而要多想妻子平时对自己的恩爱,过后再找机会向妻子说明原因,并指出她在客人面前奚落丈夫是不对的,这样就可避免一场不愉快的"冲突"。

一次,夫妻二人决定坐下来好好谈谈。

妻子说:"你有多久没有回家吃晚饭了?"

丈夫说:"你有多久没有起床做早饭了?"

妻子说:"你不回家陪我吃晚饭,我有多寂寞啊。"

丈夫说:"你不给我做早饭吃,你知道上午工作时我多没有精神。上司已经批评我好几回了。""早饭你可以自己弄的啊,每天回来那么晚吵我睡觉,我怎么能起得来。你可以不回来陪我吃晚饭,我就可以不给你做早饭。"妻子不高兴地说。

"你知道我一天上班有多辛苦,压力有多大。一个晚饭,自己吃怎么了,难道你还是孩子,要我喂你不成?"丈夫也没有好气地说。

妻子抱怨说:"你总是喝得烂醉而归,有多久没有给我买花,多久没有帮我做家务了。"

丈夫也不甘示弱地说:"你知道你做的饭有多难吃,洗的衣服也不是很干净,花钱像流水,有多久没有去看我的父母了……"

就这样,夫妻二人你一句我一句地互不相让,最后竟翻出了结婚证要去离婚。

在去街道办事处的路上,他们遇见了一对老夫妇正相互搀扶慢慢走着,老妇人不时掏出手帕给老公公擦额头上的汗,老公公怕老妇人累,自己提着一大兜菜。这对年轻夫妇看到这个情景,想起了结婚时的誓言:"执子之手,与子携老。休戚与共,相互包容。"可是现在竟然……

于是他们开始互相检讨。丈夫说:"亲爱的,我真的很想回家陪你吃饭,可是我实在工作太忙,常常应酬,并不是忽略你啊。"

妻子不好意思地说:"老公,我也不对,不应该那么小气,你在外工作挣钱不容易,早上我不应该赖床不起的。"

"早饭我可以自己热,每天回家那么晚一定吵你睡不好觉,你应该多睡会儿的。"丈夫忙说,"刚才在家我不应该那么凶地和你说话,我知道自己身上有很多毛病……"

妻子也忙检讨自己……

就这样，这场离婚风波平息了。从这之后，夫妻俩变得互敬互爱，彼此宽容忍让，更多地为对方着想，恩恩爱爱。其实，导致婚姻失败、爱情终结的常常都不是什么大事，而是一些日常琐碎小事中的摩擦。

相互理解才能让彼此互相交流、融洽，相互理解才能让感情维系长久。埋怨只能让彼此疏远，让爱情更早地被葬送。但宽容也是有原则的，并不是一味地忍让，而是不要斤斤计较，付出就索取回报。要常常换位思考一下，不要把自己的想法强加于人，要给予对方解释的机会。

有时候婚姻的另一方，一不小心撒了谎，大可不必刻意去揭穿他，更不用和他拼命，就算你洞悉一切，你仍然可以傻傻地笑着说，我只是担心你。潜台词就是我知道，但我不打算计较。特别是有第三方在场的时候，你给他留足了面子，他一定会心存感激，感激你的包容和护佑，会把你当成同盟，当成分享秘密的另一方，这种唾手可得的甜蜜，何必推辞掉？

白头偕老不是一句空泛的誓言，而是融入我们每一天的生活细节里的行动。白头偕老不仅仅需要爱情的支撑，更需要彼此的理解和礼让，而这理解正体现在日常生活中。

管得太多不是爱

俗语说："物极必反。"管得太死，就会使对方产生逆反心理，对方不仅不认为这是爱的表现，反而觉得你太多疑，对自己不信任。你整日疑神疑鬼，他（她）整日提防你，这样的爱会累死人的，在如此狭小的空间里，爱情之火就会窒息的。

当今社会许多人追求独立，这本无可非议，而且应该大力提倡。一些人把这种独立看成绝对的独立、自由，不允许任何人干涉，一旦别人触及

他的某一领域的利益,他往往会做出强烈的反应。比如在经济上,独立固然是好的,但独立并不等于说夫妻二人各挣各的钱,各用各的钱,严格划分二人之间的界限,绝不允许对方侵犯一点自己的经济利益。这样的两个人,虽名义上是夫妻,实质在情感上往往形同陌路,非常淡漠。

有这样一对夫妻,丈夫是政府里一个不大不小的官员,妻子是一家国有工厂的工人。丈夫业余时间喜欢动动笔杆子写点东西,或捧着一本书读得津津有味;妻子漂亮热情,业余时间喜欢去舞厅跳跳舞。

起初,丈夫硬着头皮陪妻子去舞厅,但那种灯红酒绿的生活令他眩晕。他怀着厌烦的情绪劝导妻子不要再去那种地方,妻子却反驳道:"如果我不让你看书,不让你写作,你愿意吗?"

丈夫哑口无言。妻子带着胜利的微笑轻松地哼着小曲走了,房间里只留下妻子身上那种醉人的香水味道。丈夫愣愣地坐在沙发上,一支接一支地吸着香烟。他觉得妻子的理由是靠不住的,读书写字,乃文人雅趣,格调高雅,陶冶人的情操。幽暗放荡的舞厅,三教九流的闲人,有很多是穷得只剩下光棍一人,在那里一起疯狂地摇摆,哪能与读书吟诗的雅事相提并论。

以前,家里的"财政大权"无须商量,自然牢牢地掌握在妻子手中,丈夫在劝妻子戒舞失败后,决心"冻结"妻子的经济来源。起初,他不再将自己的工资交给妻子,认为妻子微薄的工资一定供不起她每日去舞厅,经常换舞鞋以及购买高档化妆品,结果他发现妻子几乎把自己的工资全部花在了跳舞上。妻子每天玩得高高兴兴,回到家中嘴里还哼着轻快的舞曲,于是,他只好另想办法。

他首先从妻子的屋中搬了出来,每日和妻子"横眉冷对",接着,又将一切家务一分为二,列出清单放到妻子的床头。饭自然由妻子来做,衣自然由妻子来洗,孩子自然由妻子来照顾,哪怕妻子由于工作忙而没时间洗碗,他也绝不动一指头。因为那是"和约"上写明的,各司其职,绝不互相干涉。帮忙,岂不也是"干涉"的一种?至于经济上,他不但自己的钱分文不交妻子,甚至到妻子的单位,利用他的"领导"身份,将妻子的工资事先领走,妻子找他理论,他却也振振有词:"以前家中财政大权由你掌握,我说过什么吗?现在由我来管,有什么不可以?"妻子竟也无言以对。

于是,妻子也采取"冷战"政策,丈夫的衣服不洗,丈夫的饭不给做,丈夫的东西全被扔到"丈夫的房间"里,孩子,每人带一天,谁也不肯让步。总之,整个家似乎被分成了互不相融的两部分。

最后,妻子干脆辞掉了厂里的工作,自己去租了一组柜台卖服装。由于眼光敏锐,有胆有识,竟然干得有声有色,不久便自己开了一家时装店,办起了公司,财源滚滚而来,远非她昔日那点工资可比。"家"的名存实亡,在她的心中留下了很浓的阴影,她决定提出离婚。丈夫起初不同意,并以孩子可怜为由,试图留住妻子,但妻子去意已决,不可动摇。

"我们现在这样生活与离了婚有什么两样?不同吃,不同住,互不干涉'内政'、'外交',我们跟两个没有任何关系的人有什么区别?缺的只是那一纸离婚证书。"丈夫冷静地想了又想,觉得妻子说的确实有道理,便同意离婚,一个原本很温馨很美满的小家庭就这样解散了。

由意见分歧互不相让到"各自为政,互不干涉",这个家庭由"名存实亡"走向了真正的破裂,这里面的教训不得不引起我们的思考与重视。假如丈夫与妻子中有一方稍做妥协,"糊涂"一点,不采取那种将家庭一分为二的分庭抗礼的措施来冷淡对方,而是以"润物细无声"的春雨似的柔情去感化对方,那么又将会出现另一种结果。

其实,把配偶看作自己的私有财产,干涉对方的社交活动和限制对方的行动,是十分愚蠢之举。

聪明人,三分流水二分尘,不会把所有的事探究个一清二楚,就算你天生有一双火眼金睛,世事洞明,到头来伤了的不仅仅是眼睛,还会连累婚姻,只要把握住婚姻生活的大方向,不偏离正常的轨道,不偏离道德的航线,有些鸡毛蒜皮的小事还是不要过于计较为好。

夫妻之间要有空间

夫妻空间有点保留，这不能视之为对爱情的不忠，这是一种夫妻相处的艺术。有一个最通俗的比喻：夫妻就像两只相互依靠彼此取暖的刺猬，远了，温暖不到对方；近了，会被对方身上的刺扎到。一次次冲突之后，慢慢调整距离。

某一天的早晨，张先生在临出门之前，突然说，今天和朋友出游。以往，去哪里，张太太不多过问，他也会随口告诉她。可这一次，张先生招呼不打一声就宣布出门。她有些生气。出游这件事，一定是事先约的，至少前一天就约好了，他为什么不说一声？他还有多少事瞒她？张太太心里不悦，拦着让张先生说清楚。张先生心里着急，嚷嚷道："我的吃喝拉撒睡，是不是都得给你汇报？"然后摔门而去。

张太太开始赌气，在接下来的好几天里，不管晚回家、和朋友吃饭，还是去娘家，一概不告知张先生，也闭口不问他的一切事情。张先生终于忍不住了，跟太太说："我现在才知道，你丝毫不在意我。是吗？"

"不是你说吃喝拉撒睡都不用向我汇报吗？"张太太狡猾一笑。张先生一愣，也笑了起来。此后，张先生有事外出都会先说一声，让张太太放心。

和朋友一起吃饭，大家点菜总是以少为原则，宁可少一点欠着一点，舒服，胃有空间心灵才有空间。同样，对待感情，夫妻之间的要求也是半饱为好，彼此都有空间才不会那样局促无奈。不过，空间的距离很好测量，心理的距离，却难测。爱情的安全线，恰恰是看不见也摸不着的心理距离。有些时候，真的就是这样，夫妻双方因为爱而彼此走近，近得恨不能不分你我。于是走进婚姻，长相厮守。此后，彼此的距离慢慢地，在不知不觉中一点点拉开，亲密有间。

有人认为夫妻之间应当不再有什么秘密，毫无保留才能证明夫妻感情的真实，实际上，夫妻之间如果彼此有一点私人的空间，不能视之为对爱情的不忠，这是一种夫妻相处的艺术。

长相知，不相疑

夫妻之间要充分信任对方，不乱猜疑。外国有句俗话，叫作"疑来爱则去"，深刻地揭示了猜疑的危害。莎士比亚的名著《奥塞罗》就叙述了这样一个悲剧。国王的女儿苔丝德蒙娜冲破家庭和社会的阻力，同奥塞罗这样一个出身卑贱、肤色黝黑的将军结了婚。婚后的生活十分美满。然而，奥塞罗部下的一个军官尼亚古出于卑鄙自私的目的，编造谣言，制造陷阱，挑拨他们的夫妻关系，使奥塞罗对忠诚纯洁的妻子产生了猜疑之心，在一个漆黑的夜晚竟用被子将苔丝德蒙娜活活闷死了。后来，奥塞罗知道了事情的真相，追悔莫及，自刎于妻子的脚下。

现实生活中，我们的身边，也有着这样的家庭悲剧，这足以使我们警醒。有篇小说《天在下雨》讲述了这样一个故事。

丈夫赵山深深地爱着他漂亮的妻子梁晴，他像一位老大哥似的整日看护着妻子，从走路姿势到头发式样，从一言一行到一举一动，从口红的浓淡到穿裤子还是裙子，可以说，他把满腔的爱都恨不得全部倾倒在妻子身上。对于他这种"老大哥"式的爱，他的妻子梁晴腻烦透了，她渴望冲出丈夫精心织下的爱网，自己独立到外面闯一闯。于是，经朋友介绍，她进了一个剧组，她认真的工作态度和高效率的工作赢得导演的好评。

有一次，天下起雨，下班后梁晴发现自己忘了带雨伞，她正准备冒雨回家时，导演关心地说："小梁，我用摩托车送你回家吧。"梁晴点点头，答应了。

就在导演带着梁晴冲出剧组大院时，迎面赵山骑着自行车来给梁晴送

伞。由于雨很大,坐在导演身后的梁晴没有发现丈夫赵山的身影,摩托车喷出一股黑烟,一溜烟地冲进了雨幕。赵山手里拿着雨伞,痴呆呆地望着两人远去的背影。于是,赵山便断定妻子梁晴和导演有染,一怒之下,请了长假,去广州度假。

赵山走后,梁晴竟然意外地发现自己怀孕了。即将做母亲的喜悦使她忘记了和丈夫之间的不快,她欣喜若狂地打电话告诉了丈夫。谁知,一盆冷水浇灭了她的喜悦,话筒那头传来丈夫冰冷的声音,冷得让人浑身打颤,仿佛那是从地狱中吹来的阴风。

"我不想要一个别人的孩子,你应该把这个好消息告诉你的导演。"说完,"啪"的一声,电话挂断了。丈夫的无情和多疑反而使梁晴生下孩子的决心更加坚定了。十月怀胎,一朝分娩。孩子那圆乎乎的大眼睛和上翘的小鼻子活脱脱就是赵山的再版,事实不说即明,孩子无疑是他的亲骨肉。

赵山后悔了,他用了各种办法想挽回他的过失,唤回妻子的爱,但是,妻子梁晴那颗冰冷的心再也无法暖和过来。他们只好分手了。

猜疑是夫妻关系的大敌,是感情破裂的一大隐患。生活中遇到怀疑的事,不宜过早下结论,要客观、理智地去分析,才能够了解真相。古人云:"人之相知,贵在知心。"夫妻之间更需加强了解以求心心相印,杜绝猜疑的发生。夫妻双方要做到忠贞专一,相互信任,共同对家庭负责,彼此忠诚,这样,不管什么样的风浪,爱的小巢也会坚如磐石,安然无恙,永葆爱情的青春。

家庭的幸福是忍让出来的

《说文解字》上说"忍,能也"。忍,确实是有能力、有雅量、有修养的表现,它是积极的,主动的,高姿态的。倘若人人都懂得这个理,何愁家庭不和谐幸福？

有一老翁，有子媳各三，但一家人相处融洽，终年不见狼烟。一日闲聊时，老翁谈起与媳妇的相处之道。他举例说，一次大媳妇煮点心，先盛一碗给他，并半征询半内疚道："刚才我好像放多了盐，不知您会不会觉得咸了点？"阿翁吃了一口，即答："不会！不会！恰到好处呢！"此后的一次，三媳妇煮点心时也给他送去一碗，说："我一向吃得较为清淡，不知您口感如何？"阿翁喝了一口汤，忙答："很好很好，正合我的口味。"结果自然是皆大欢喜。

忍让是通向幸福的钥匙。家庭中的矛盾、分歧很少有原则性的分歧。这时若能以"忍"字为先，装些糊涂，表示谦让，矛盾也就烟消云散了。不然的话，就会激化矛盾。其实，是咸是淡，好吃难吃，都不重要，重要的是人与人相处时那种和乐的气氛。请看下面的故事：

李太太把满满一桌饭菜凉了又热，热了又凉，那可全都是李先生爱吃的。然而李先生早忘了今天是他们结婚五周年的纪念日，而迟迟在外不归。

终于，李太太听到了钥匙的开门声，这时愤怒的李太太真想跳起来把李先生推出去。李先生的全部兴奋点都在今晚的足球赛上，那精彩的临门一脚仿佛是他射进的一般。李太太真想在李先生眉飞色舞的脸上打一拳，然而一个声音告诫她："别这样，亲爱的，再忍耐两分钟。"

两分钟以后的李太太，怒气不觉消了许多。"丈夫本来就是那种粗心大意的男人，况且这场球赛又是他盼望已久的。"她不停地安慰自己，尔后起身又把饭菜重新热了一遍，并斟上两杯红葡萄酒。兴奋依然的李先生惊喜地望着丰盛的饭桌："亲爱的，这是为什么？""因为今天是我们的结婚纪念日。"

愣了片刻的李先生抱住李太太："宝贝，真对不起，今晚我不该去看球。"

李太太笑了，她暗自庆幸几分钟前自己压住了火气，没大发雷霆。

忍让，是家庭和谐幸福的一个必不可少的条件。多站在别人的角度想一想，比如，在家里谁说了几句不中听的话，你不妨想到，他可能为别的事心

里不痛快，或许他对什么事误会了，或许他天生的直筒子脾气，沾火就爆，过后他会想到自己的不对的，或许是因为他年纪小、想事情不周全，等等。这样就理解了，宽恕了，容忍了，也就不会放到心里去。这才是真正的忍，忍了之后，自己的心里也是坦然的，宽阔的，清爽的，平静的。

试想，如果家庭成员之间因磕磕碰碰、丁丁点点的小事，不知忍让，不去克制，便针扎火爆地发脾气，耍野性，这个家庭还有什么和谐幸福可言呢？我们每个家庭当中，夫妻吵架，都是因为这些提不起来的事引起的。你细细想一下，是不是应该像李太太那样忍耐两分钟呢？

家，是人生的安乐窝；家，是人生的避风港。一个家庭要想"家和万事兴"，家庭里的成员必须要能相互理解、相互体谅、相互尊重、相互包容。忍让，能让家庭和睦；忍让，使全家相安无事。虽然学会忍让不是一件简单的事，但我们还是要忍让，因为忍让能为我们带来意想不到的收获。

不痴不聋，不做阿翁

古人云：不痴不聋，不做阿姑阿翁。意思是说，作为家中的父母或公婆，对儿子媳妇、女儿女婿的若干私事，应当少问少管，睁一只眼闭一只眼，经常装装糊涂，家中自会少生许多矛盾，当长辈的也就减少许多烦恼。换位思考一下，做晚辈的，也应该宽容大度一点，不能什么事情都较真，只有从心眼里爱他们、敬他们才能婆媳关系融洽。

唐代宗时，郭子仪在平定安史之乱中战功显赫，成为复兴唐室的元勋。因此唐代宗十分敬重他，并且将女儿升平公主嫁给郭子仪的儿子郭暧为妻。这小两口都自恃有老子做后台，互相不服软，因此免不了口角。

有一天，小两口因为一点小事拌起嘴来，郭暧看见妻子摆出一副臭架子，根本不把他这个丈夫放在眼里，愤懑不平地说：

"你有什么了不起的，就仗着你老子是皇上！实话告诉你吧，你爸爸的江山是我父亲打败了安禄山才保全的，我父亲因为瞧不上皇帝的宝座，所以才没当这个皇帝。"

在封建社会，皇帝唯我独尊，任何人想当皇帝，就可能遭满门抄斩的大祸。升平公主听到郭暧敢出此狂言，感到一下子找到了出气的机会和把柄，立刻奔回宫中，向唐代宗汇报了丈夫刚才这番图谋造反的话。她满以为，父皇会因此重惩郭暧，替她出口气。

唐代宗听完女儿的汇报，不动声色地说：

"你是个孩子，有许多事你还不懂得。我告诉你吧，你丈夫说的都是实情。天下是你公公郭子仪保全下来的，如果你公公想当皇帝，早就当上了，天下也早就不是咱李家所有了。"并且对女儿劝慰一番，叫女儿不要抓住丈夫的一句话，乱扣"谋反"的大帽子，小两口要和和气气地过日子。在父皇的耐心劝解下，公主消了气，自动回到了郭家。

这件事很快被郭子仪听到了，可把他吓坏了。他觉得，小两口吵架不要紧，儿子口出狂言，迹近谋反，这着实叫他恼火万分。郭子仪即刻令人把郭暧捆绑起来，并迅速到宫中面见皇上，要求皇上严厉治罪。

可是，唐代宗却和颜悦色，一点也没有怪罪的意思，还劝慰说：

"小两口吵嘴，话说得过分点，咱们当老人的不要认真了，不是有句俗话吗：'不痴不聋，不为家翁'，儿女们在闺房里讲的话，怎好当起真来？咱们做老人的听了，就把自己当成聋子和傻子，装作没听见就行了。"

听到老亲家这番合情入理的话，郭子仪的心里就像一块石头落了地，顿时感到轻松，眼见得一场大祸化作芥蒂小事。

小两口关起门来吵嘴，在气头上，可能什么激烈的言辞都会冒出来。如果句句较真，就将家无宁日。杀人不过头点地，自己又能得到什么好处？唐代宗用"老人应当装聋作哑"，来对待小夫妻吵嘴，不因女婿讲了一句近似谋反的话而无限上纲、大动杀机，而是化灾祸为欢乐，使小两口重归于好。他的这笔利弊得失的账算得很明白。

老年人如何处理好家庭关系，具体说处理好与后辈的关系，是一个重要而敏感的问题。它不仅关系到家庭和睦，而且影响到老人身心健康。当然，儿女应当孝顺、孝敬，尽量让老人满意。不过，作为老年人一方，自

己应有一个正确的认识和态度，讲究点相处的方法和"艺术"，也是十分重要的。在必要的时候不妨装聋作哑，这是很明智的。

糊涂婆媳，互相宽容

婆媳关系是家庭中最难处理的关系，婆媳矛盾则是一个令清官也为之发愁的难题。在婆媳矛盾的背后，隐伏着母子之爱和夫妻之爱的竞争，这种竞争往往是无意识的竞争，事实上却是婆媳矛盾激化的一个很重要的因素。

父母为了把子女抚育成人，付出了大量的心血，倾注了大量的爱。一般说来，在成家之前，儿子总是把母亲视为自己最亲的亲人。但是，一旦儿子结了婚，组建了自己的家庭，开始感受到夫妻之爱，这时，母子之爱便自然而然地降至次要的地位，儿子新家庭的利益不可避免地放到了他原来家庭的利益之前；而且，儿子在生活中遇到了什么问题，首先关心他的总是媳妇，而儿子也总是把生活中的酸甜苦辣更多地、更主动地向媳妇倾吐，把媳妇视为"第一参谋"。这时，做母亲的便会感到感情上受到了冷落，加上儿子成家以后同自己的接触较以前大为减少，做母亲的如果不体谅，便会埋怨儿子"娶了媳妇忘了娘"，而把一肚子的怨气一股脑儿全倾泻在媳妇身上。因此，做母亲的要有"宰相肚里能撑船"的气度，看到儿子和媳妇相亲相爱，齐心持家，应该为之感到高兴，切不可妄生被冷落之感和疑忌之心。

徐太太在一次和婆婆发生冲突以后，跑到表妹严女士家诉苦。当时，严女士正好有篇稿子要写，无暇陪她。徐太太就和严女士的婆婆闲聊起来。

徐太太无奈地说，她婆婆不讲卫生，做菜无味，整天唠叨，让人生厌。严女士的婆婆打断了她的话："你该向你这个'糊涂'妹妹学学，她不嫌我这个乡下老太婆，我在这里一住就是五年。我炒的菜明明盐放多了，可她还说好吃！前天刚给我一百元零花钱，今天早上又问我还有没有零钱用。"

严女士的婆婆一边说，一边呵呵笑起来……

午饭后，严女士打开洗衣机准备洗衣裳，却找不到早晨刚刚换下的衣服。"妈，看见我的衣裳了吗？"

严女士的婆婆却一拍脑门，笑着说："瞧我这老糊涂，刚才一不留神把你的衣服给洗了。"

徐太太看着表妹婆媳之间融洽的样子，愣了一下神，好像若有所悟地点点头。当晚，徐太太深情地告诉严女士："以前我总羡慕你有个好婆婆，现在终于明白了，你们之间的糊涂可真难得啊！不计较小是小非，什么事都好办了！我以后真得好好向你学习。"

此后，徐太太也当起了"糊涂"媳妇。令人欣慰的是，不久以后，她婆婆也被"传染"了，也跟她一起"糊涂"起来。以后，她们家再也看不见"硝烟"了。

自古以来婆媳相处一直就是家庭中的一大敏感问题，相处得来一切OK，要是相处得不好，婆媳过招一百回的戏就会常在家中上演。不过，尽管婆媳矛盾是一个古今中外令许多家庭头痛的难题，但只要当事者本着互相信任、互相尊重、互相爱护、互相关心、互相宽容忍让的态度，加上家庭其他成员齐心协力促使其向良性的方面转化，婆婆与媳妇之间一定会产生出真诚的爱，一定能够和睦相处。

在孩子心里种下爱的种子

一个女儿问爸爸：我们家有钱吗？

爸爸说：我们家没有钱。

她又问：我们家很穷吗？

爸爸说：我们家不穷。

六周岁的女儿似懂非懂。

爸爸单位发起"冬季捐寒衣"活动。晚上，爸爸打理着一些家里一时穿不着的寒衣。女儿问：这些衣服给谁？

爸爸说：送给穷人。

她又问：为什么？

爸爸说：他们没有寒衣，过不了冬。

女儿点点头，一副很明白的样子。一会儿，她拿来一件小棉袄、一条围巾、一顶帽子，说要捐出去。爸爸正想鼓励她两句，不料她一把拉下爸爸的帽子说：爸爸，求您了，把这顶帽子也送给穷人吧！

爸爸的心一震，为女儿那小小的爱心所感动。爸爸一直以为自己富有同情心，而在这之前，他却从未想过要将自己正需要的东西送给别人。

第二天，爸爸送她至校门口，看着她捧着那个小包裹一蹦一跳地走进校门，爸爸的眼睛渐渐湿润。爸爸高兴的是，女儿将比自己更富有。

文中爸爸说女儿的"富有"是精神上的，这就是一种博爱的精神。

《三毛作品集》中还记述了这样一个小故事，有一位生活在撒哈拉沙漠深处小城的红发少年，他以幼小羸弱的身躯承担起独立照料贫病交加的父母亲的重任。从这个十来岁的少年身上，人们可以看到仁爱精神给人带来的巨大力量和无穷智慧。

虽然这是个小故事，也很普通，表现的只是对父母亲的关爱，但是对于一个孩子来讲，他能从小就爱父母、爱长辈、爱家庭、爱老师、爱同伴、爱学校；他多次拿出自己积攒的零花钱捐献给希望工程，经常去干休所、车站、敬老院开展学雷锋活动，曾经几次把自己的奖品赠送给家庭困难的小朋友，并拿出自己的奖学金救助失学儿童。长大后，谁能说他不是心揣博爱胸襟之士呢？

苏霍姆林斯基在他的实验学校大门的正面墙上，悬挂着这样一幅大标语："要爱你的妈妈！"当有人问苏霍姆林斯基为什么不写"爱祖国"、"爱人民"之类的标语时，他说："对于一个七岁的孩子，不能讲那么抽象的概念。而且，如果一个孩子连他的妈妈也不爱，他还会爱别人、爱家乡、爱祖国吗?""爱自己的妈妈"这容易懂、容易做,而且为日后进行的爱祖国教育打下了基础。他还说:"必须使儿童经常努力给母亲、父亲、祖父、祖母等带来欢乐,否则,儿童就会长成一个铁石心肠的人,在他的心里,既没有做儿子的孝心,也没有做父亲的慈爱,更没有为人民做事的伟大理想。如果一个人在亿万个同胞里连一个最亲的人都没有,他是不可能爱人民的。如果一个人的心里没有对最亲爱的人忠诚,他是不可能忠于崇高的理想的。"

善待穷亲戚

亲戚之间,无论是自己的亲戚,还是爱人的亲戚,都应该平等对待、一视同仁,不宜在这方面上注意"门楣",分"亲"和"疏"。有的人对自己的父母、兄弟姐妹好,对爱人的父母、兄弟姐妹就另眼相待。给自己的父母生活费每月几百元,却只给爱人的父母几十元,甚至分文不给;自己的兄弟姐妹结婚办喜事拿彩礼几百,甚至上千元,爱人的兄弟姐妹结婚只有一二百元,这是很不妥当的。当然,也不能搞绝对平均,但也应说得过去。在亲属之间人为地搞"亲"和"疏",就会造成家庭不和、亲属不满而闹出矛盾,出现纠纷。

明朝嘉靖时期,有一位大臣叫张居正,此人为官清廉,秉公办事,在朝野中权力极大,连嘉靖皇帝也要敬他三分。张居正在家里也是一个好丈夫、好父亲,特别是在对待亲戚关系上,不分"亲"和"疏",深得亲戚间的敬重。张居正的妻子来自一个贫苦的农家,世代务农。她聪明贤惠,在嫁给张居正后,操持家务,颇有大家风范。张居正与妻子互敬互重,举案齐眉,对待亲戚一视同仁,并不因为他们是农民,而不屑于与他们往来,或者有"亲"和"疏"之分。有一次,张居正的岳父病重身亡,尽管当时身为宰相的张居正公务繁忙,而且从礼法地位上说,张居正不必前往

吊唁，但张居正却没有这样做，他向嘉靖皇帝请了假，带领全家人赶回去，尽了孝道。这个举动，深深感动了所有的亲戚，大家都称张居正不愧是个人人称颂的"好宰相"。

因此，不分"亲"和"疏"也是"门楣之见"不当中应注意的一个方面，注意到了，在处理亲戚关系问题上将会游刃有余；忽视了或处理不当，那将会造成亲戚之间的关系破裂或疏远，于己、于亲戚都不是一件好事情。

亲戚间交往，要平等相待、一视同仁。逢年过节，你来我往互相应酬，不可厚此薄彼，招待亲戚都要一样热情。婚丧人事，众多亲戚聚会，让座敬茶，宴请吃饭，入席敬酒，先后顺序只能根据年龄辈份来办，而不能以贵贱贫富来定。能够毫不势利地善待穷亲戚的人，才能够在社会上真正长久受到尊重，才是长久有所作为的人。

远亲不如近邻

中国有句老话：一回生，二回熟，三回交朋友。有一个好邻居，建立一种好的邻里关系，会使我们的生活更顺畅美满。

在一个小城市里，有这样一对夫妻，女人是个善良温柔的好妻子，和丈夫生活得很幸福。而他们的邻居是性子比较急躁的人，爱发脾气，心情不好时，会与家人吵架，甚至大打出手。她适当的劝解发挥了巨大作用。

有一次，邻居夫妻俩吵架生气，他们安排邻居妻子住在自己家，邻居丈夫一开始还赌气，自己给孩子做饭，忙里忙外，夜深人静时，才体会到妻子的温柔体贴，总会在自己忙得不可开交时倒一杯热茶，总把家收拾得井井有条，妻子轻柔的话语比谁的安慰都重要。他终于意识到自己并不是不爱她，只是脾气暴了点，都是自己不好。

他想妻子可能住在了朋友家，但到处找都找不到。后来，才知道她住在邻居家，自己过去赔礼道歉，终又重归于好。

在那几天中，邻居也不断地安慰她。她也想到了丈夫对她的体贴关怀，已经不再责怪丈夫。

在这件事发生的整个过程中，邻居的确起到了非常重要的作用。如果没有邻居的帮助，我们很难想象事情会发展到何种程度。好邻居会为和谐的邻里关系而努力，当别人家有了不愉快的事，会全力帮助解决，尤其是这样的家务事，邻居恰当的做法，能帮助家庭恢复功能。

还有这样一个事例：

有一个人和商人为邻，这个人特别想自己做一番事业，就从银行贷款投资做生意，可他毕竟年轻，涉世太浅，没多久就陷入资金周转不灵的困境，这时，他想起了平日和自己关系不错的那个商人。他就找了个合适的时间来到商人家，告诉他自己的难处。商人听后，笑着说："不奸不为商，你还很年轻，有许多事还没有看透。不过，我可以给你谈谈我这些年来在商场摸爬滚打的经验，也许对你还有些用。"年轻人听后，似乎觉得自己明白了不少事理，也似乎从中摸出了一些经商门道。后来，他告诉商人，自己现在资金周转不灵，商人说："我可以帮你渡过这个难关，但必须用你赚了的钱来还我。"年轻人听后，深表感谢。

年轻人在自己身处困境的情况下，在邻居有能力帮自己渡过难关的情况下，请求邻居的帮助，是十分正确的方法。邻里之间本应该互助互利，但我们必须努力去争取，才能够得到帮助。否则，坐在家中等着钱从天上掉下来，只能是白白浪费时间。当然，处理好同邻居的关系，好处远不止这些，上述事例只是一个肤浅的说明罢了。

俗话说："远亲不如近邻。"大家生活在一栋大楼里，如果平时只顾自己，不管他人，一旦遇到急难事时，又有哪个邻居愿意来帮忙呢？

建议邻里之间彼此多多关照，这样，一旦有个大事小情，大家互相帮助，不仅邻居方便，自己也方便。现在的邻里之间就像站在高楼林立的大厦顶层，望着灯火辉煌的城市，心里很是惬意。其实，如果每个人都能够礼貌、和谐地生活在一起，那这世界就更完美了。

第六章 清白做人 不贪不占是福

钱是万恶的根源,这话虽然过于绝对,但也不是没有道理。有些人守不住自己良心道德的底线,不择手段地捞取不义之财,有了钱更是忘乎所以恣意妄为,结果要么深陷大狱失去自由,要么穷得只剩下钱,没有亲情关怀,孤苦伶仃一生。这样的例子太多了,这些人迷失了自己善良博爱的心,误解了幸福的含义。不义之财不贪,不是自己的不占,利人利己,知足常乐,这才是真正的福。

知足即是福

拥有花,就去深嗅花的芬芳,拥有草,就去欣赏草的青绿,怀有一颗知足心品尝已有果实和美味,才能获得真实的快乐。

菩萨在得道之前,是一个大国的国王,名叫察微。有一次,在空闲的日子里,察微王穿着粗布衣服,去巡视民情。他看到一个老头正在愁眉苦脸地补鞋,就开玩笑地问他说:"天下的人,你认为谁是最快乐的?"

老头儿不假思索地回答:"当然是国王最快乐了,难道是我这老头儿呀?"

察微王问:"他怎么快乐呢?"

老头儿回答道:"百官尊奉,万民贡献,想要什么,就能有什么,这当然很快乐了。哪像我整天要为别人补鞋子这么辛苦。"

察微王说:"那倒如你讲的。"

他便请老头儿喝葡萄酒,老头儿醉得毫无知觉。察微王让人把他扛进宫中,对宫中的人说:"这个补鞋的老头儿说做国王最快乐。我今天和他开个玩笑,让他穿上国王的衣服,听理政事,你们配合点。"

宫中的人说:"好!"

老头儿酒醒过来,侍候的宫女假意上前说道:"大王醉酒,各种事情积压下许多,应该去处理政事了。"

众人把老头儿带到百官面前,宰相催促他处理政事,他懵懵懂懂,东西不分。史官记下他的过失,大臣又提出意见。他整日坐着,身体酸痛,连吃饭都觉得没味道,也就一天天瘦了下来。

宫女假意地问道:"大王为什么不高兴呀?"

老头儿回答道:"我梦见我是一个补鞋的老头儿,辛辛苦苦,想找碗饭吃，也很艰难，因此心中发愁。"

众人莫不暗暗好笑。夜里，老头儿翻来复去睡不着觉，说道："我究竟是一个补鞋的老头呢？还是一个真正的国王？要真是国王，皮肤怎么这么粗？要是个补鞋的老头又怎么会在王宫里？是我的心在乱想，还是眼睛看错了？一身两处，不知哪处是真的？"

王后假意说道："大王的心情不愉快。"便吩咐摆出音乐舞蹈，让老头儿喝葡萄酒。

老头儿又醉得不省人事。大家给他穿上原来的衣服，把他送回原来的破床上。老头儿酒醒过来，看见自己的破烂屋子，还有身上的破旧衣服，都和原来一样，全身关节疼痛，好像挨了打似的。

几天之后，察微王又去看老头儿。老头儿说："上次喝了你的酒，就醉得不晓人事，到现在才醒过来。我梦见我做了国王，和大臣们一起商议政事。史官记下了我的过失，大臣们又批评我，我心里真是惊惶忧虑，全身关节疼痛，比挨了打还痛苦。做梦都如此，不知道真正做了国王会怎么样？上次说的那些话错了。"

因而菩萨说："莫羡王孙乐，王孙苦难言；安贫以守道，知足即是福。"

补鞋的老头儿羡慕国王的生活，以为锦衣玉食、万民朝拜就是一种快乐，岂不知国王也有国王的苦恼，补鞋也有补鞋的乐趣。

其实布衣茶饭，也可乐终身。人生在世，贵在懂得知足常乐，要有一颗豁达开朗平淡的心，在缤纷多变、物欲横流的生活中，拒绝各种诱惑，心境变得恬适，生活自然就愉悦了。而人之所以有烦恼，就在于不知足，整天在欲望的驱使下，忙忙碌碌地为着自己所谓的"幸福"追逐、焦灼、钩心斗角……结果却并非所想。

早在春秋时期，就有过这种活生生的例子：

曾与"卧薪尝胆"的越王勾践一起同甘共苦过的范蠡，在越国最终击败吴国之后被任命为大将军。在世人看来，此时的范蠡本应享受富贵荣华风光无限，可他却偏偏辞去官职离开越国，彻底地销声匿迹了。据《史记》记载，范蠡先是去了齐国务农，后又移至陶地经商，并更名改姓陶朱

公,安享余生,直至终老。

而与范蠡同样作为越国重臣的文种,却因为贪心不足,落得个完全不同的结局。

在越国击灭吴国后,曾经在沙场上立下了汗马功劳的文种依然选择留在越王勾践的身边,完全不顾范蠡对他做出的"飞鸟尽,良弓藏,狡兔死,猎狗烹"的忠告。虽然文种最后也称病辞官,可他却因为不愿放弃家乡的良田广厦而继续留在了越国国内。由于他的功劳和威名实在太大,所以当奸佞小人诬陷他有兴兵作乱的企图时,早就想要除掉这个心腹大患的越王勾践也就借着这个机会,以谋反罪将文种处死了。

同样是居功至伟的朝廷重臣,可范蠡和文种的最终结局却一生一死迥然有别。归根结底,还不是因为他们在对待"名利"二字的态度和做法上存在着太多的不同。淡泊名利的得以快乐终老,而执着名利的却最终人财两空。

知足天地宽,贪则宇宙窄。放下肩头利欲的重担,拉住知足的手,珍惜所得到的所拥有的一切,在知足中进取,快乐将永远陪伴左右。

满足欲望的快乐永远是虚妄的

有一位一国首富,论财富,无人能及,然而,他这个在别人眼里最幸福的人却总觉得生活毫无快乐可言。于是,他将所有的贵重物品各样东西都装入一个大袋子里,去寻找快乐。

他从一个国家游历到另一个国家,但是没有人能够给他——即使只是一瞬的快乐。

他到了一个村子,一个村民告诉他:"有个禅师就坐在村中心的一棵树下。你去他那里,如果他没有办法让你得到快乐,那么你就算了吧!即使去到天涯海角,也没有人能让你得到快乐。"

富人非常激动,他迫不及待地跑到禅师那里,请求禅师让他得到快乐。并且说:"我赚来的钱都在这个袋子里。如果你能让我得到快乐,我就把这些东西给你。"

禅师没有回答他,而是忽然从他手中抢了袋子就跑。富人又哭又叫地尾随着他。因为禅师对村子里的大街小巷很熟,所以没跑几圈,富人就被禅师甩掉了。

富人简直疯了。他哭喊着:"我一生的财富都被劫走了,我变成一个穷人了!我变成一个乞丐了!"他哭得死去活来。

最后,那个人万般无奈地回到禅师刚才坐的那个地方。却发现袋子早已在原地了,富人见到了袋子,赶紧进行检查——什么也不缺!他松了一大口气,一屁股坐在那个袋子上,喜极而泣。

禅师从树后转过来看着他说:"先生,你现在快乐吗?你是不是已经得到了?"

富人终于醒悟过来,然后高兴地说:"多谢禅师指点。"

苦乐是相对成立的。具体到我们,只有在深刻体会到某种失落的痛苦之后,才会感觉到真实的快乐。

在寻求快乐的过程中,由苦乐对比产生的落差而感觉快乐,难道这不是快乐吗?当然这是一种快乐,但这种快乐本质上是一种假相的快乐!为什么呢?

假若这些快乐本质上是真正的快乐,那么就该像储蓄存折一样,数字总是存款而非罚款;然而寻求丰足的人生努力过程中,很多时候却像在提款缴罚单一样。因此,没钱缴罚单的时候固然是苦,纵然有钱缴罚单也不是快乐的,因为两者都是惩罚的缘故。

然而为什么有时我们会感觉到有钱缴罚单是一种快乐呢?而且似乎它就是一种感受上很真实的快乐呢?是的,两种痛苦相比之下,如果落差够大,就像由大苦反衬小苦,小苦反而成为快乐一样,就像罚十万块改成罚

十块钱,这种反差呈现出来的快乐是很巨大的。

然而惩罚终究是惩罚,本质上不会变成奖赏。所以,如果习禅的方向一直滞留在所谓的"趋乐避苦"上,而看不透苦乐的相对性、本质虚幻的真相,这就意味着无法真正入禅。

只有我们了解满足欲望的快乐永远是虚妄的,我们才有希望进入清净涅槃的大乐,达到生命的真实超越。

幸福与穷富无关

六祖慧能曾说"无忆无著,不起诳妄,用自真如性",又言"于一切法,不取不舍,即是见性成佛道"。从惠能禅师的这两句话中不难发现,它们表达了一个共同的禅意——"贫不慕人,富不骄人,冷眼观贫富"。

寒山禅师也曾作偈《东家一老婆》来指导人们应该如何看待贫富——

东家一老婆,富来三五年。

昔日贫于我,今笑我无钱。

渠笑我在后,我笑渠在前。

相笑傥不止,东边复西边。

寒山禅师这首诗偈寓意很深。以生活中一种常见的社会现象,提出令人深思的严肃问题。过去被我看不起的穷者,富了之后反笑我寒酸。我笑他在前,他笑我在后,笑与被笑的位置不断变换,必将陷入无穷的悲与喜的轮回之中。然而一旦做到了既不因贫贱羡人,也不以富贵骄人,超脱于世俗的祸福之外,唯求自心清静,律己自重,这样就不会陷入"东边复西边"的无尽烦恼之中了。

前些日子在媒体上看到了这样一则标语——"谁富裕谁光荣,谁贫穷谁无能"。标语很醒目,真切地反映了人们渴望富裕,追求富裕的迫切心情。然而它的表述却令人觉得别扭，甚至有些不入耳。难道说，富裕了就可以瞧不起那些贫困的人，那些贫困的人就应该自卑下去吗？下面我们看一则寓言故事，便能从中感悟到一些东西——

　　一位十分富有的父亲，想让儿子看看穷人的生活，使他知道自己生在一个富有的家庭是多么幸福的事儿，就安排儿子去看看穷人们的生活。

　　于是，这位父亲带着一家人来到乡下，他想让儿子看看贫穷是多么的可怜。他们找到了一户最穷的人家，在那儿度过了一天一夜。

　　回来后，父亲便美滋滋地问儿子："你认为此行如何？"

　　"非常好，爸爸！"

　　"现在你该知道穷人的生活是什么样子了吧？"父亲问道。

　　"是的。"

　　"你都看见什么了？"

　　"我看到我们家花园中央有一个游泳池，他们却有一条没有尽头的小溪；我们家花园里有许多进口的灯，他们却拥有满天的繁星；我们的院子虽然很大，他们的院子却延伸到地平线上。"儿子说完后，父亲沉默无语。

　　儿子又说："谢谢你，爸爸，你让我明白了我们是多么贫穷！"

　　富者可能在某些时候或某些方面抓住了机遇，成为了富人，然而为富不仁、嫌贫爱富就是贫困的另一种表现，而这种表现让整个社会都厌恶。以贫富论英雄，是一种狭义的贫富观。中国著名的数学家陈景润算是穷到家了，但是谁又能鄙视陈景润呢？还有历代以来的那些清官、廉官，谁又能说他们无能而加以鄙视呢？

　　那些贫穷一点的人更应该看清自己的位置，不要盲目自卑，更不要因为贫穷而丢掉某些富人们所未拥有的"富裕"。作为不富裕的人，一定要成功地理解穷，思考为何会穷？千万不要轻信富人的杜撰，成功者奋斗的历史，道理很简单：别人的衣裳不一定适合自己穿。当我们发现，努力了、奋斗了，依然不富裕时，那贫穷就不是我们的错了。

　　可以说，世界上没有绝对的穷人，也没有绝对的富人。以金钱衡量也只是一个局部，而我们面对的是人，是人生活的方方面面。但我们在金钱

上的缺失,这肯定是"硬伤",但当注定我们在这方面是矮子时,我们为何偏要从短处较劲,而不去在其他方面发挥优势呢?

世界是一个舞台,上帝规定了我们的角色,主角固然是有数的几个,既然演不成主角,那就把配角或者次配角演好,更不必去羡慕那些主角。能将配角演好的演员同样是好演员。在影视界比较有名的配角演员有很多,而且有一些专门演配角,其中已经去世的傅彪就是一例:在他所参演的影片中他作为主演的戏少之又少,然而让人们记住他的反而是那一幕幕戏份不多的配角戏——可以毫不避讳地说如果《大明宫词》没有他,只是一部古代的偶像剧。《大腕》没有他,只是一部平庸的贺岁片。《押解》没有他,只是一部枯燥的公路片……

因此说,不管是富人还是穷人,都不要因为自己身处的位置而骄傲或者自卑、鄙视或者羡慕,正如一句广告词说的"每个人都有自己的舞台",只要自己正视这点,我们都将是富有的人。

倘若我们暂时富裕,切莫鄙视或嫌弃那些不如我们的;如果我们暂时贫穷或者稍不如意,同样不必去羡慕那些整天开车、忙于应酬的。正是由于生活是自己的,我们才能体会到那份只属于自己的幸福与甜蜜,而这绝对与贫穷或富裕没有必然的联系。

淡化利欲之心,方能得到一切

中国有一句俗话叫"知足常乐"。佛教的理想是"不计众苦,少欲知足"。孟子有一句话:"养心莫善于寡欲。"是说希望心能够正,欲望越少越好。他还说:"其为人也寡欲,虽不存焉者寡矣;其为人也多欲,虽有存焉者寡矣。"欲少则仁心存,欲多则仁心亡,说明了欲与仁之间的关系。

自古仕途多变动,所以古人以为身在官场的纷华中,要有时刻淡化利欲之心的心理。利欲之心人固有之，甚至生亦我所欲，所欲有甚于生者，这当然是正常的，问题是要能进行自控，不把一切看得太重，到了接近极限的时候，要能把握得准，跳得出这个圈子，不为利欲之争而舍弃了一切。

怎么才能使自己的欲望趋淡呢？"仕途虽纷华，要常思泉下的况景，则利欲之心自淡"。常以世事世物自喻自说则可贯通得失。比如，看到深山中参天的古木不遭斧斫，葱茏蓬勃，究其原因是它们不为世人所知所赏，自是悠闲岁月，福泽年长，"方信人是福人"；看到天际的彩云绚丽万状，可是一旦阳光淡去，满天的绯红嫣紫，瞬时成了几抹淡云，古人就会得出结论道："常疑好事皆虚事。"中国的古代，自汉魏以降，高官名宦，无不以通佛味解佛心为风雅，可以在失势时自我平衡，自我解脱。

人生在世，除了生存的欲望以外，还有各种各样的欲望，自我实现就是其中之一。欲望在一定程度上是促进社会发展的动力，可是，欲望是无止境的，欲望太强烈，就会造成痛苦和不幸，这种例子不胜枚举。因此，人应该尽力克制自己过高的欲望，培养清心寡欲，知足常乐的生活态度。

《菜根谭》中主张："爵位不宜太盛，太盛则危；能事不宜尽华，尽华则衰；行谊不宜过高，过高则谤兴而毁来。"意即官爵不必达到登峰造极的地步，否则就容易陷入危险的境地；自己得意之事也不可过度，否则就会转为衰颓；言行不要过于高洁，否则就会招来诽谤或攻击。

同理，在追求快乐的时候，也不要忘记"乐极生悲"这句话，适可而止，才能掌握真正的快乐。大凡美味佳肴吃多了就如同吃药一样，只要吃一半就够了；令人愉快的事追求太过则会成为败身丧德的媒介，能够控制一半才是恰到好处。

所谓"花看半开，酒饮微醉，此中大有佳趣。若至烂漫酩酊，便成恶境矣。履盈满者，宜思之"。意即赏花的最佳时刻是含苞待放之时，喝酒则是在半醉时的感觉最佳。凡事只达七八分处才有佳趣产生。正如酒止微醺，花看半开，则瞻前大有希望，顾后也没断绝生机。如此自能悠久长存于天地畛域之中。

又如:"宾朋云集,剧饮淋漓乐矣,俄而漏尽烛残,香销茗冷,不觉反而呕咽,令人索然无味。天下事率类此,奈何不早回头也。"痛饮狂欢固然快乐,但是等到曲终人散,夜深烛残的时候,面对杯盘狼藉必然会兴尽悲来,感到人生索然无味。天下事莫不如此,为什么不及早醒悟呢?

常常看到有些人为了谋到一官半职,请客送礼,煞费苦心地找关系、托门路、机关用尽,而结果还往往与愿相违;还有些人因未能得到重用,就牢骚满腹,借酒浇愁,甚至做些对自己不负责任的事情。凡此种种,真是太不值得了!他们这样做都是因为太看重名利,甚至把自己的身家性命都押在了上面。其实生命的乐趣很多,何必那么关注功名利禄这些身外之物呢?少点欲望,多点情趣,人生会更有意义。更何况该是你的跑不掉,不该是你的争也白搭。

古人云:求名之心过盛必作伪,利欲之心过剩则偏执。面对名利之风渐盛的社会,面对物质压迫精神的现状,能够做到视名利如粪土,视物质为赘物,在简单、朴素中体验心灵的丰盈、充实,并将自己始终置身于一种平和、自由的境界。

积聚金钱并不是最重要的事情

一位年轻人在岸边看到水中有一块闪闪发亮的金块,他很高兴,赶紧跳进水里捞取。但是任凭他怎么捞都捞不到。筋疲力竭、全身既湿又脏的他只好上岸休息,没想到在水波平静之后,金块又出现了。

他想:"水中的金块到底在哪里呢?我明明看到了,为什么却捞不到呢?"于是,他又跳下去捞,结果还是没有捞出来,他实在很不甘心。

这时,佛祖出现在他面前,看到他全身湿淋淋又脏兮兮的,问道:"发生了什么事?"

年轻人回答:"我明明看到水中有金块,但是不管怎么捞都捞不到。"

佛祖看看平静的水面,再抬头望着树,说:"你看,金块不是在水中,而是在树上!"

许多人都如同这个年轻人一样,把积聚金钱看成人生最重要的事情去做,结果却劳而无功,不仅没有得到金钱,而且还丢掉了比金钱更宝贵的东西,金钱有时同样是可遇而不可求的,倘若你为了得到金钱,不惜破坏或舍弃自己的人格。那么,你得到了金钱又能如何?

一个人是否有钱,与做人没有太大关系。在我们的周围,能把事做好的不一定是有钱人,能把人做好的不一定是没钱人,但最佳的成功之道是有钱把事情做好,没钱把人做好。

现实生活中,金钱确实非常重要,我们要生活,就必须用钱来购买一切生活用品。但问题是,现代人的"生活必需品"较之从前的人是越来越多了。人们对精神层次的追求也越来越高,要满足精神需求所要付出的代价也往往随之升高,而这种代价多数情况下都是金钱的代价。如此来看,现在的人是不可能感到金钱够用的。

当然,还有另外一个原因,那就是不管赚多少,都还想要更多的贪念。我们一旦被"必须要更多"的钩子钓上,一生便无法摆脱这个束缚了。是的,这种心理的产生也有一定的理由,这种理由便是通货膨胀的威胁。即使拥有的再多,我们也会担心万一金钱贬值,到我们衰老的时候,便没有足够的钱维持我们现在的生活水平。

的确,钱财在某种程度上能够证明一个人是否成功,钱也使你不必担心账单无法支付。可是,除此之外,它似乎不再有其他的好处。

一个人即便再有钱,一次吃的牛排也是有数的。所以,金钱多的人未必就拥有幸福,他只是不必为付钞票担忧罢了。

有多少人为争夺前人留下的一笔遗产而与家人大打出手、弄得鸡犬不宁、妻离子散?这实在是人世间的一种悲哀,他们根本不知道生命中最重要的是什么。他们因为贪婪而败坏了原本幸福快乐的家庭,他们虽然怀抱着金钱,却只能与孤寂、悲哀为伴。

第六章 清白做人 不贪不占是福

每个人都应小心控制自己对金钱的欲望，要时刻提醒自己，金钱只是控制你合理生活的一个工具，除此之外，若有多余的钱，也只是你努力工作的报偿。不要把积聚金钱当作你人生最重要的事，你的健康、家庭和朋友，才是快乐生活的保障。

内心的富足才是真正的快乐

一日，无悔禅师正在院子里锄草，迎面走来三位信徒，向他施礼，说道："人们都说佛教能够解除人生的痛苦，可是我们信佛这么多年，却并不觉得快乐，这是怎么回事呢？"

无悔禅师放下锄头，安详地看着他们说："想快乐并不难，首先要弄明白为什么活着！"

三位信徒你看看我，我看看你，都没料到无悔禅师会向他们提出这样的问题。

过了片刻，甲说："人总不能死吧！死亡太可怕了，所以人要活着。"

乙说："我现在拼命地劳动，就是为了老的时候能够享受到粮食满仓、子孙满堂的天伦之乐。"

丙说："我可没你那么高的奢望。我必须活着，否则我一家老小靠谁养活呢？"

无悔禅师笑着说："怪不得你们得不到快乐，原来你们想到的只是死亡、年老、被迫劳动，而不是理想、信念和责任。没有理想、信念和责任的生活当然是很疲劳、很累的，不会觉得幸福，当然也不会觉得快乐了。"

信徒们不以为然地说："理想、信念和责任，说说倒是很容易，但总不能当饭吃吧！"

无悔禅师说："那你们说，有了什么才能快乐呢？"

甲说:"有了名誉就有了一切,我就会觉得很快乐。"

乙说:"我觉得有了爱情,才会有快乐。"

丙说:"金钱才是最重要的,有了它我就什么都不愁了。"

无悔禅师说:"那我提个问题:为什么有人有了名誉却很烦恼,有了爱情却很痛苦,有了金钱却更忧虑呢?"信徒们无言以对。

无悔禅师接着说:"理想、信念和责任并不是空洞的,而是体现在人们每时每刻的生活中。必须改变对生活的观念、态度,生活本身才能有所变化。说到底,快乐是要靠我们自己去寻找的。"

听完无悔禅师的话,三位信徒从此明白了快乐之道。

其实,快乐与不快乐完全取决于我们对于生活和人生的态度。有一则小幽默说,同样一个甜甜圈,在有些人眼中,因为它是甜甜圈,所以会觉得可口,所以感觉很开心;而在另外一些人眼中,因为它中间缺了一个洞,就会觉得遗憾而变得不开心。所以,快乐不快乐完全是由我们自己决定的,而真正的快乐是从心底流出的。

据说,终南山出产一种快乐藤。凡是得到此藤的人,一定会喜形于色,笑逐颜开,不知道烦恼为何物。曾经有一个人,为了得到无尽的快乐,不惜跋山涉水,去找这种藤。他历尽千辛万苦,终于来到了终南山。可是,他虽然得到了这种藤,可仍然觉得不快乐。

这天晚上,他到山下的一位老人家里借宿,面对皎洁的月光,不由地长吁短叹。

他问老人:"为什么我已经得到了快乐藤,却仍然不快乐呢?"

老人一听乐了,说:"其实,快乐藤并非终南山才有,而是人人心中都有,只要你心里充满欢乐,无论天涯海角,都能够得到快乐。心就是快乐的根。"

这人恍然大悟。

人生一世,草木一秋,能够快快乐乐地活一生,是每个人心中的梦想。但是怎样才能求得快乐呢?那就是要清醒地知道快乐之道的根本在我们自己。

人的心灵是最富足的，也是最贫乏的。不同的人之所以对生活的苦乐有着不同的感受是因为心灵的富足和贫乏，而绝不是任何外物的客观影响。内心的快乐才是快乐之道。

简单地活着

一天晚上三更半夜，智通和尚突然大叫："我大悟了！我大悟了！"

他这一叫惊醒了众多僧人，连禅师也被惊动了。众人一起来到智通的房间，禅师问："你悟到什么了？居然这个时候大声吵嚷，说来听听吧！"

众僧以为他悟到了高深的佛旨，没想到他却一本正经地说道："我日思夜想，终于悟出了——尼姑原来是女人做的。"

刚说完，众僧就哄堂大笑，"这是什么大悟呀，我们大家都知道的呀！"

但是禅师却惊异地看着智通，说："是的，你真的悟到了！"

智通和尚立刻说道："师父，现在我不得不告辞了，我要下山云游去。"

众僧又是一惊，心里都认为：这个小和尚实在是太傲慢了，悟到"尼姑是女人做的"这么简单的道理也没什么稀奇的，却敢以此要求下山云游，真是太目中无人了；竟敢对我们师父这么无礼，可恶！

然而禅师却不这样认为，他觉得智通到了下山云游的时候了，于是也不挽留他，提着斗笠，率领众僧，送他出寺。到了寺门外，智通和尚接过了禅师给他的斗笠，大步离去，再也没有任何留恋。

众僧都不解地问禅师："他真的悟到了吗？"

禅师感叹道："智通真是前途无量呀！连'尼姑是女人做的'都能参透，还有什么禅道悟不出来的呢？虽然这是众人皆知的道理，但是有谁能从这里悟出佛理呢？这句话从智通的嘴里说出来，蕴涵着另一种特殊的意义——世间的事理，一通百通啊。"

世界上的事，无论看起来是多么复杂神秘，其实道理都是很简单的，关键在于是否看得透。生活本身是很简单的，快乐也很简单，是人们自己把它们想得复杂了，或者人们自己太复杂了，所以往往感受不到简单的快乐，他们弄不懂生活的意味。

睿智的古人早就指出："世味浓，不求忙而忙自至。"所谓"世味"，就是尘世生活中为许多人所追求的舒适的物质享受、为人欣羡的社会地位、显赫的名声，等等。今日的某些人追求的"时髦"，也是一种"世味"，其中的内涵说穿了，也不离物质享受和对"上等人"社会地位的尊崇。

可怜某些人在电影、电视节目以及广告的强大鼓动下，"世味"一"浓"再"浓"，疯狂地紧跟时髦生活，结果"不知不觉地陷入了金融麻烦中"。尽管他们也在努力工作，收入往往也很可观，但收入永远也赶不上层出不穷的消费产品的增多。如果不克制自己的消费欲望，不适当减弱浓烈的"世味"，他们就不会有真正的快乐生活。

菲律宾《商报》登过一篇文章。作者感慨她的一位病逝的朋友一生为物所役，终日忙于工作、应酬，竟连孩子念几年级都不知道，留下了最大的遗憾。作者写道，这位朋友为了累积更多的财富，享受更高品质的生活，终于将健康与亲情都赔了进去。那栋尚在交付贷款的上千万元的豪宅，曾经是他最得意的成就之一。然而豪宅的气派尚未感受到，他却已离开了人间。作者问："这样汲汲营营追求身外物的人生，到底快乐何在？"

这位朋友显然也是属"世味浓"的一族，如果他能把"世味"看淡一些，像陈美玲那样"住在恰到好处的房子里，没有一身沉重的经济负担，周末休息的时候，还可以一家大小外出旅游，赏花品草……"这岂不是惬意的生活？

陈美玲写道："'生活简单，没有负担'，这是一句电视广告词，但用在人的一生当中却再贴切不过了。与其困在财富、地位与成就的迷惘里，还不如过着简单的生活，舒展身心，享受用金钱也买不到的满足来得快乐。"

第六章 清白做人 不贪不占是福

简单的生活是快乐的源头,它为我们省去了欲求不得满足的烦恼,又为我们开阔了身心解放的快乐空间!

简单就是剔除生活中繁复的杂念、拒绝杂事的纷扰;简单也是一种专注,叫作"好雪片片,不落别处"。生活中经常听一些人感叹烦恼多多,到处充满着不如意;也经常听到一些人总是抱怨无聊,时光难以打发。其实,生活是简单而且丰富多彩的,痛苦、无聊的是人们自己而已,跟生活本身无关;所以是否快乐、是否充实就看你怎样看待生活、发掘生活。如果觉得痛苦、无聊、人生没有意思,那是因为不懂快乐的原因!

快乐是简单的,它是一种自酿的美酒,是自己酿给自己品尝的;它是一种心灵的状态,是要用心去体会的。简单地活着,快乐地活着,你会发现快乐原来就是:"众里寻他千百度,蓦然回首,那人却在灯火阑珊处。"

不要落入财富的陷阱

无果禅师为了专心参禅,在深山里一住就是十年,这十年来一直有一个女人细心地照料着他。

然而,这十年,他并没有取得太大的成就,他认为自己无法在那里修行得道,所以打算出山寻师问道,解除多年来心中的疑惑。

临行前,他向这个女人辞别时,女人对无果禅师说:"禅师,您再多留几日吧。路上要风餐露宿,容我为您做件衣服再上路也不迟呀。"这个女人的好意让禅师无法推辞,于是只好点头答应了。

女人回家后,马上着手剪裁衣服。衣服做好了,她又包了四锭马蹄银,送给无果禅师作为路费,禅师心中无比感激,他接受了女人的馈赠,收拾行李准备第二天一大早就走。

到了晚上,无果禅师坐禅养息,却突然出现了一个童子,后面还跟着许多人在吹拉弹奏。他们扛着一朵很大的莲花,来到无果禅师面前说:"禅师,请上莲花台!这就是您要去的地方。"

无果禅师心里嘀咕:"我的修行还没有达到这种程度,这种境况来得太早了,恐怕是魔境吧!"于是他没有理会,童子又说:"禅师,请您坐上来吧,机会就只有这一次,错过了就再也不会有了哦。"抵不住童子的纠缠,无奈之下,无果禅师就把自己的拂尘插在莲花台上。童子与诸乐人便高兴地离去了。

第二天一大早,无果禅师正要动身时,那女人来到他家,手里拿了一把拂尘,问道:"禅师,这可是您的物品?昨晚怎么会从我家母马的肚子里生了出来?"

无果禅师听后十分吃惊,说道:"如果不是我的定力深厚,今天已经是你们家的马儿了。"于是将马蹄银还给了女人,作别而去!

不要被突如其来的实惠或好运迷惑,其实天上是不会掉馅饼的。然而,生活中的陷阱太多了,金钱、名誉、地位、美女、机遇……其实,所有的陷阱都有一个共同的特点,就是抓住人心中最脆弱的那根弦,使人像中了魔似的不能脱身,毫不犹豫地跳进陷阱里。跳进陷阱的人,多数是因为贪恋不该属于自己的那份东西;被当时不属于自己的东西所诱惑,结果总是得不偿失的。

生活中曾有过这样的事情,一天,牛大爷去城里看望儿子儿媳,走在半路上,突然见到一个精美的首饰盒滚到他的脚边。身旁的一个小伙子眼尖手快,急忙捡了起来,打开一看,里面竟然有一条金项链,还附着一张发票,上面写着某某饰品店监制,售价二千八百元。但是牛大爷当即拽住小伙子,让他在原地等候失主,可是等了老半天,还是没人来认领。

那个小伙子便小声提议两个人私分,说:"给我一千元,项链归你。"边说边朝巷口走去。牛大爷平时就有个贪小便宜的习惯,看看项链,就更动心了。他心想:"我可以把它送给我的儿媳妇,当年她嫁过来的时候,我们手头不宽裕也没怎么给她买过东西。这次去看他们,正好把这条项链送给她,她一定会很高兴的,这也是我这个做公公的一番心意嘛。"

牛大爷的犹豫没有逃过小伙子的眼睛,他更是一个劲地说这条项链有多好,今天运气好才会捡到的。牛大爷经不住小伙子的游说,便说:"可是我没有这么多钱,我是来城里看我儿子的,身上只带了八百块钱。"

小伙子故作大方地说:"这样呀,没有关系,我就吃点亏,谁叫您年纪比我大呢?"

于是,牛大爷就把好不容易凑到的八百块钱给了小伙子,拿着那条金项链美滋滋地向儿子家走去。

一到儿子家,他便把路上的事情跟儿子儿媳说了,还拿出那条金光闪闪的项链送给儿媳妇。小夫妻俩一听就不对,果然,那条项链根本就是假的。

牛大爷这才恍然大悟,原来人家设了一个陷阱让他跳。

牛大爷非常懊恼,却毫无办法。为此,他还大病了一场,幸好,他记住了这一教训,再也不敢贪小便宜了。

人的贪欲是一个永远都无法填满的无底洞,有的人不会让自己落入贪财的陷阱是因为他们比较清醒。而有的人却因为不清醒掉了进去就再也没有出来的机会。任何时候我们都应该清楚地认识到自己的财富心理,看清金钱对于我们的真正价值。永远都应记住金钱应该是为我们服务的,而不是奴役我们灵魂的魔鬼。

超脱尘世物欲的牵绊

富而不悦者常有,贪而忌忧者亦多。安贫乐道,不为物欲所驱,方能具入世之身而怀出世之心。

古印度有个阿育王,是位护持佛法的大功德主。

他有一个弟弟出家修行得道,阿育王非常欢喜,稽首礼敬,希望弟弟能长期住在皇宫,接受他的供养。但是弟弟却认为:"世间的五欲——财、色、名、食、睡,是禅者至大的障碍,必须弃除,我们的心才能拥有真正的宁静与自在。我依山傍水,清心寡欲,自在如水中游鱼、空中飞鸟,为什么你要把我再次推入世间的泥沼呢?"

阿育王说:"在皇宫里,你也可以很自在呀?没有人敢阻碍你的。"弟弟却说:"我住在寂静的林野,有十种好处:一,来去自在。二,无我、无我所。三,随意所往,无有障碍。四,欲望减弱,修习寂静。五,住处少欲少事。六,不惜身命,为具足功德故。七,远离众闹市。八,虽行功德,但不求恩报。九,随顺禅定,易得一心。十,于空住,无障碍想。这些都是皇宫里所不具有的。"

阿育王面露难色地说:"话是不错,可是你是我的弟弟,我怎么忍心让你这样吃苦呢?""我一点都不觉这样是苦,反而觉得很快乐。我已经脱离了人间的桎梏,为什么你又要让我再戴上五欲的锁链呢?我终日与自然万物同呼吸,与山色共眠起,我以禅悦为食,滋养性命。你却要我高卧锦绣珠玉的大床,可知我一席蒲团,含纳山河大地、日月星光之灵气。常行晏坐,有十种利益:一、不贪身乐。二、不贪睡眠乐。三、不贪卧具乐。四、无卧着席褥苦。五、不随心身欲。六、易得坐禅。七、易读诵经。八、少睡眠。九、身轻易起。十、欲望心薄。我已经从火汤炉炭的痛苦里解脱出来了,你说,我怎么可能再重入火坑,毁灭自己呢?"弟弟坚定地说。阿育王听了这一番剖白,就不再坚持自己的意见了,但心中对于安贫乐道的修行人,以无为有的胸怀,生起更深的敬意。

空无,并不是一无所有,它只是让人们减少对物质的依赖,这样反而能照见内心无限的宝藏。而现代人,却不懂得安分,即使有了财富、情色、名位、权势,他们仍然在不停追逐,常常压得自己喘不过气来。

为了舒缓心情,有的人借着出国旅游去散心解闷,希冀能求得一刻的安宁,但终究不是根本之策。

佛经上说"少一分物欲,就多一分发心;少一分占有,就多一分慈悲",这是禅者的安贫乐道。翻开禅史,会发现有的禅师,下一顿的饭还

没有着落，却仍然悠闲地说："没有关系，我有清风明月！"有的禅师，则是皇帝请他下山却不肯，宁愿以山间的松果为食，与自然同在。正所谓："昨日相约今日期，临行之时又思维；为僧只宜山中坐，国事宴中不相宜。"

有一位富翁来到一个美丽寂静的小岛上，见到当地的一位农民，就问道："你们一般在这里都做些什么呀？"

"我们在这里种田过活呀！"农民回答道。

富翁说："种田有什么意思呀？而且还那么辛苦！"

"那你来这里做什么？"农民反问道。

富翁回答："我来这里是为了欣赏风景，享受与大自然同在的感觉！我平时忙于赚钱，就是为了日后要过这样的生活。"

农民笑着说："数十年来，我们虽然没有赚很多钱，但是我们却一直都过着这样的日子啊！"

听了农民的话，这位富翁陷入了沉思。

也许，生活简单一点，心里负荷就会减轻一些。外出到远方，眼前的繁华美景，不过是一时的安乐，与其辛苦地去更换一个环境，不如换一个心境，任人世物转星移，沧海桑田，做个安贫乐道、闲云野鹤的无事人。

所以，人要真正获得自在、宁静，最要紧的就是安贫乐道。春秋战国时代的颜回"一瓢饮，一箪食，人不堪其忧，而回亦不改其乐"是一种安贫乐道；东晋田园诗人陶渊明"采菊东篱下，悠然见南山"是一种安贫乐道；近代弘一法师"咸有咸的味，淡有淡的味"也是一种安贫乐道。

那么，为什么唯有他们才能做到乐道呢？那是因为他们超脱了尘世俗物的牵绊，看清了人生真正最具价值的所在。

世事沧桑变幻，贫富皆尽体味。一切铅华洗净之后，粗茶淡饭亦是人生真正的滋味。

无财何尝不是福

能安于贫贱的人是有福之人。因为他们心里无财富的挂碍，所以活得潇洒。而能在富贵中保持清心寡欲的更是有福之人，因为他们心里、眼里都无财富的挂碍，所以活得幸福。

一位老居士的家中生了一个男孩，长得英俊端庄，父母非常疼爱。这孩子从小就聪明异常，和一般的小孩子完全不同。他在无忧无虑中快乐地度过了黄金般的童年。

人类往往被欲念所迷惑，在欢乐的日子里，想不到痛苦的一面，唯有超卓的人才不至于堕落。居士家中的这个孩子，可是有高人一层的智慧。虽然他生长于安逸的环境中，但仍能了解人生的痛苦和罪恶。因此，他在成年以后，就辞亲出家当比丘。

有一次，在教化回来途经森林里遇到一队商人，他们到外乡从经路过此地。当时已是傍晚，太阳西下，商人们扎营住宿。出家比丘看到这些商人以及大小的车辆载着大量货物，并不关心，只管在离商队营帐不远的地方徘徊踱步。

这时从森林的另一端来了很多山贼。他们打听到有商队经过，就想乘夜幕降临以后劫掠财物。但当他们靠近商营的时候，却发现有人在营外漫步。山贼怕商队有备，所以想等大家都睡熟再动手，然而营外巡逻的那个人，通宵不入营休息。天已渐亮了，山贼见无机可乘，只得气愤地大骂而走。

正在睡觉的商人，忽然听到外面的吵闹声跑出来看，只见一大队的山贼手执铁锤木棍往山上跑去。营外有一位出家人站在那儿。商人惊恐地走向前去问道：

"大师！您见到山贼了吗？"

"是的，我早就看到了，他们昨晚就来了。"出家人回答说。

"大师！"商人又向前问道，"那么多的山贼，您怎么不怕？独自一个人，怎能敌得过他们呢？"

出家人心平气和地说道："各位！见山贼而害怕的是有钱人。我是一个出家人，身无分文，我怕什么？贼所要的是钱财宝贝，我既然没有一样值钱的东西，无论住在深山或茂林里，都不会起恐惧心。"

比丘的话使众商人醒悟，他们认识到自己的凡俗，对不实在的金钱，大家肯舍命去取得，而对真实自由自在的平安生活，反而视若无睹。他们决心跟着这位比丘出家修行。从此，他们体会到这个世间苦空的意义，把无常的钱财带在身边，那实际上是一种拖累。

中国有句古话叫作：人生有三宝，妻丑、薄地、破棉袄。因为贫穷，人才无恐惧心，因为贫穷，人才有上进心，艰难困苦是人生的一笔财富。它可以化无形为有形，并告诫你时刻保持冷静、清醒。正确对待有形的财富。

香港富豪徐展堂出身名门望族，幼年生活可说优裕富贵。但上天似乎有意要考验他。他十三岁时，父亲生意失败，不久又染上肺痨去世。年幼的徐展堂一下子从蜜罐掉进了苦海。当时，徐展堂刚读完小学，无奈只好放弃升学，出来"捞世界"谋生，提起幼年时未有更多读书机会，徐展堂至今还感到遗憾。

年仅十三岁的徐展堂不得不涉足社会，面对人生。他曾从事过多种低微的职业，如银行信差、卖"云吞面"、为商店翻新旧招牌、安排看更等。从十几岁至二十几岁，是他一生中最为艰苦搏命的时间。

艰苦的经历，不仅没有消磨他的意志，反而激发了他的斗志。他不甘心久居人下，白天工作，晚间则上夜校进修，学习英语，大量阅读历史书籍和名人传记，从中汲取思想养分。

就这样，他终于成长为香港传媒界的新星。

无财是一种福气，能很好地利用财富的人同样享有这种福气，佛陀所说的断掉各种贪欲，并非是说让人变得无情无欲，而是说要消除人的不合理的过分的有碍身心健康的欲望，从而完善人生，使人生更加幸福。

钱因人而有罪

当一个人埋怨金钱有罪时，就只能证明他自己的无能或者内心的不透明。

释圆大师云游到一个地方。他拖着疲惫的身体，感到又饥又渴。走着走着，眼前出现了两座房子。其中一座非常华丽，另一座却非常破旧。

释圆大师心想：我若是借宿于那华丽的房子，相信不至于给房主带来负担。于是，大师敲了敲华丽房子的门。一会儿，一个穿着很得体的男人开了门，问道："你有什么事？"

大师回答说："我出远门，途中至此，不知是否方便借宿一宿？"

那男人用非常不屑的眼神上下打量了大师一番之后，他觉得：这人衣着朴素，行囊简单，可见不是有钱人。于是，房主说："不行，我的房子怎么能让你住呢？我的房间里有那么多的药材、种子，没有空地了。假如每一个来敲门的人都要求借宿，那怎么能住得下呢？再说了，我哪有那么多食物给你吃啊！"说完，房主就关上了门。

这是一个充满金钱至上气息的社会，人与人之间的关系，因为金钱而变得变幻难测。贫居闹市时的门可罗雀和富居深山时的远亲相访，足可以反映出金钱的巨大诱惑力。人性在金钱的诱惑中变得不再纯净。尔虞我诈，你争我抢，似乎除了金钱就再也没有更有价值的东西存在。

许多持有消极心态的人常说："金钱是万恶之源。"他们认为金钱让人堕落，让人犯罪，让人痛苦，让人毁灭。

持有积极心态的人，总是能看到金钱的美好面孔。

钱是古今第一哲学家，若能读懂钱，怎能不变为哲人？即使在茫茫荒漠中，钱犹如砂石一样无用，但钱的哲理仍在狂风中卷着；即使钱失去了外形，变成了一个密码，或者一张磁卡，但钱的精神也在其中储存着。

钱浓缩着人所有的希望！人之所以在不断创造、不断进取，就因为看

到了钱和钱负载的力量、智慧和信念。有了钱，人就有了倾注爱的对象；若失去钱，人不只孤单，更否定了自己。

因此，钱本无罪！只是有些人歪曲了钱的本质，自身也留下无尽的痛苦和悲哀。

金钱本身并无善恶之别，而是取决于使用金钱的人如何来运用它。金钱可以购买军火、毒品；同样也能够用来建造医院、教堂。金钱本身没有善恶之分，关键看掌握金钱的人如何运用它们。金钱用来造福社会，它就是善的；反之，用来毒害社会和大众，它就是恶的。

人们熟知的美国石油大王洛克菲勒就是一个典型的实例。他出身贫寒，在创业初期，人们都夸他是个好青年。当黄金像贝斯比亚斯火山流出的岩浆似的流进他的金库时，他变得贪婪、冷酷。宾夕法尼亚州油田地带的公民深受其害。有的受害者做出他的木像，亲手将"他"处以绞刑。无数充满憎恶和诅咒的威胁信涌进他的办公室。连他的兄弟也十分讨厌他，而特意将儿子的遗骨从洛克菲勒家族的墓园迁到其他地方。他说："在洛克菲勒支配下的土地内，我的儿子也无法安眠。"

在洛克菲勒五十三岁时，疾病缠身，整个人变得像个木乃伊，医生们终于向他宣告了一个可怕的事实：他必须在金钱、烦恼、生命三者中选择其一。这时，他才开始省悟到是贪婪的魔鬼控制了他的身心。他听从了医生的劝告，退休回家，开始学打高尔夫球，上剧院去看喜剧，还常常跟邻居闲聊。他经过一段时间的反省，开始考虑如何将庞大的财产捐给别人。

起初，这并不是一件容易的事，他捐给教会，教会不接受，说那是腐朽的金钱。但他不顾这些，继续热衷于这一事业。听说密歇根湖畔一家学校因资不抵债而被迫关闭，他立即捐出数百万美元而促成如今国际知名的芝加哥大学的诞生。洛克菲勒还创办了不少福利事业，帮助黑人。从那以后，人们渐渐地理解了他，开始用另一种眼光来看他。他造福社会的"天使"行为，不但受到人们的尊敬和爱戴，还给他带来用钱买不到的平静、快乐、健康和高寿，他在五十三岁时已濒临死亡，结果却以九十八岁高龄辞世。

金钱能为人服务，能帮助我们实现人生的目标。我们对于享受、对于欢乐、对于幸福、对于情爱、对于道德、对于公理、对于正义的需求，首先是要产生需求，然后才去追求。而离开金钱，我们的一切人生目标都只能是梦想，而最终演化为满腹牢骚。然而，如果失去人生目标，金钱就只能是洪水猛兽，只能是人类欲望的帮凶。

所以，我们在运用金钱时最重要的首先是认清自己的目的，而不是一味地埋怨金钱的诱惑作用。因为金钱本身没有善恶之分。

欲望太多才是真的贫穷

从前，有两位很虔诚、很要好的教徒，相约一起到遥远的圣山朝圣。两人背上行囊、风尘仆仆地上路，誓言不达圣山朝拜，绝不返家。

两位教徒走啊走，走了半个月后，遇见一位白发年长的圣者。圣者看到这两位如此虔诚的教徒千里迢迢前往圣山朝圣，就十分感动地告诉他们："从这里距离圣山还有十天的路程，但是很遗憾，我在这里就要和你们分手了；而在分手前，我要送给你们一个礼物！什么礼物呢？就是你们当中一个人先许愿，他的愿望一定会马上实现；而第二个人，就可以得到那愿望的两倍！"

听后，其中一教徒心里想："这太棒了，我心中早有一个愿望，但我不能先讲，因为如果我先许愿，我就吃亏了，他就可以有双倍的礼物！不行！"而另外一教徒也自忖："我怎么能先讲，让我的朋友获得加倍的礼物呢？"于是，两位教徒就开始推让起来，"你先讲嘛！""你比较年长，你先许愿吧！""不，应该你先许愿！"两位教徒彼此推来推去，不一会儿，两人就开始不耐烦起来，气氛也变了："你干嘛！你先讲啊！""为什么我先讲？我才不要呢！"

两人推到最后，其中一人生气了，大声说道："喂，你真是个不识相、不知好歹的人哪，你再不许愿的话，我就把你的狗腿打断，把你掐死！"

另外一人一听，没有想到他的朋友居然变脸，竟然来恐吓自己！于是

善心做人 凡心做事
—— 善心是对人生的奖赏
凡心是获得幸福的源泉
ShanxinZuoren FanxinZuoshi

想，你这么无情无义，我也不必对你太有情有义！我无法得到的东西，你也休想得到！于是，这一教徒干脆把心一横，狠心地说道："好，我先许愿！我希望——我的一只眼睛——瞎掉！"

很快，这位教徒的一只眼睛马上瞎掉了，而与他同行的好朋友，则立刻瞎掉两只眼睛，变成了盲人！

原本，这是一件十分美好的礼物，可以使两位好朋友互相共享，但是人的"贪念"与"嫉妒"，左右了心中的情绪，所以使得"祝福"变成"诅咒"、使"好友"变成"仇敌"，更是让原本可以"双赢"的事，变成两人瞎眼的"双输"！

在巴拉圭有一对即将结婚的未婚夫妻，很高兴地大喊大叫、相互拥抱，因为他们中了一张"高额彩券"，奖金是七万五千美金。

可是，这对马上要结婚的新人，在中奖后不久就为了"谁该拥有这笔意外之财"而闹翻了，两人大吵一架，并不惜撕破脸、闹上法庭。为什么呢？因为这张彩券当时是握在未婚妻的手中，但是未婚夫则气愤地告诉法官："那张彩券是我买的，后来她把彩券放入她的皮包内，但我也没说什么，因为她是我的未婚妻嘛！可是，她竟然这么无耻、不要脸，居然敢说彩券是她的，是她买的！"

这对未婚夫妻在公堂上大声吵闹，各说各话，丝毫不妥协、不让步，让法官伤透脑筋。最后，法官下令，在尚未确定"谁是谁非"之时，发行彩券的单位暂时不准发出这笔奖金！而两位原本马上要结婚的佳偶，因争夺奖券的归属而变成怨偶，双方也决定取消婚约。

有人说："结婚，经常不是为了钱；离婚，却经常是为了钱！"

的确，人的私心、贪婪、嫉妒，常使人跌倒，重重地跌在自己"恶念"的祸害里。

事实上，我们所拥有的，并不是太少，而是欲望太多；欲望太多的结果，就是使自己不满足、不知足，甚至憎恨别人所拥有的，或嫉妒别人比我们拥有的更多，以致心里产生忧愁、愤怒和不平衡。口袋里缺钱的人不是真的贫穷，心里缺钱的人才是真的贫穷。

在金钱面前保持清醒

佛祖在云游四方时无意间拣到一块宝石，就顺手扔入背袋中。

有一天，佛祖遇见一个疲惫不堪的人，佛祖就和这人分享他所有的食物。这时，他发现了佛祖袋子中的宝石，非常惊讶。佛祖就毫不犹豫地把宝石给了他，他兴高采烈地走了。

不久，那人又跑了回来，恭恭敬敬地把宝石还给佛祖，说："我不要宝石了，我想要那比宝石更珍贵的东西。是什么原因使你愿意把这么贵重的宝石送给我？请告诉我。"

一个愿意以宝石赠人的人具有比宝石更珍贵的心，他已超越了金钱的束缚，成为脱俗之人。许多人在贫穷的时候也许对金钱的概念并不是很清晰。然而，当他的金钱越聚越多时，心灵也就很容易扭曲，那种有钱人的姿态会随着腰包的膨胀而逐渐凸显。这种人外表看来光鲜夺目，事实上已经成为金钱的牺牲品，心灵原有的色泽已被金钱掩盖、腐蚀。所以，他们的最终结局只会是被贪欲所累，悔恨难当。

几年前，曾有这样一位极度自负且贪心的职业高尔夫球选手，当时他已很有名气，可他却偏偏因为贪心而拒绝参加很多小型的赛事。原因很简单，就是嫌弃那种赛事提供的报酬实在是有限。与此相比，他更热衷于出席一些带有表演性质的比赛，因为那样既省去了很多的力气，收入也相当可观。久而久之，人们知道了他的喜好，自然也就不再去关注他。

可是某一天，却有一个戴着墨镜、手拿高尔夫球杆的人找到了他。来者说他愿意出每个洞一百美金的赌注来跟他赌一场，并说自己一定能够战胜他。他当然不傻，因为来者是一个盲人，所以他表示拒绝这场赌局。

然而那个人始终坚持要和他赛一场，并且反复强调自己一定能赢。

贪心使他终于接受了盲人的邀请，并一再提醒对方必须保证遵守每个洞一百美金的约定来比赛。当他心急火燎地问那个盲人什么时候开始比赛时，对方的回答简单干脆：

"我无所谓，就由你来选择吧，随便哪个晚上都可以。"

一句"随便哪个晚上都可以"，让所有看到这个故事的人都不禁哑然失笑，笑那个盲人所拥有的一份智慧，更笑那个高尔夫球选手终于因为自己的贪欲而受到了愚弄和惩罚。

在犹太人中间流传着这样一个故事：

一天，一个拥有着巨额钱财的守财奴去他的拉比那里乞求祝福。拉比先让他站在窗前，透过玻璃去看外面的街道，然后问他到底看到了什么，守财奴回答说："看到了满街的人。"

接着拉比又把他带到了一面镜子前，问他又看到了什么，守财奴回答说："只看到了我自己。"

于是，拉比对这个守财奴说："窗户和镜子，它们都是用玻璃做的，只不过在镜子的上面又多镀了一层银。所以玻璃让我们看到了别人，而镜子则因为多了这层银所以就只能让我们看到自己了。"

这是一个多么简单的道理，只可惜能够真正懂得这个道理的人却少之又少。人一旦掉入了金钱的陷阱，那么即便有再简单明了的道理和再多的智慧，也很难再去拯救自己了。

所以，世人应时刻保持一份对自己和对金钱的清醒，不要让金钱腐蚀了自己的心灵，尽管你无须成为佛家的一分子，成为一个出世之人，但能够保持一种心灵的澄澈终归是好的。

贪婪使人成为金钱的奴隶

从前有一个叫难陀的国王非常贪心，他拼命聚敛财宝，希望把财宝带到他的后世去。他想："我要把一国的珍宝都收集来，不能有一点剩余。"

因为贪婪财宝,他把自己的女儿放在淫女楼上,吩咐她身边的人说:"如果有人带着财宝来求见我的女儿,把这个人连他带的财宝一起送到我这儿来!"他用这样的办法聚敛财宝,全国没有一个地方会留有宝物,所有的财宝都进了国王的仓库。

有一个寡妇只有一个儿子,心中很是疼爱。她儿子看见国王的女儿姿态优美,容貌俏丽,很是动心。可他家里穷,没法结交国王的女儿。不久,他生起病来,身体瘦弱,气息奄奄。他母亲问他:"你害了什么病,病成这样?"

儿子把心事告诉了母亲,说:"如果不能和国王的女儿交往,必死无疑。"

母亲对儿子说:"但国内所有的一切金钱宝物都叫国王弄了去,到哪里去弄到钱呢?"母亲又想了一阵,说:"你父亲死的时候,口里含有一枚金币,你如果把坟墓挖开,可以得到那枚钱,你用那钱去结交国王的女儿吧。"

儿子挖开父亲的坟,从口里取出那枚金币。之后,他来到国王的女儿那里。国王的女儿便把他连同那枚金钱送去见国王。国王见了,说:"国内所有的金钱宝物,除了我的仓库,都没有了。你在哪里弄到这枚金币的?你一定是发现地下的宝藏了吧。"

国王用了种种刑具,拷打这个寡妇的儿子,要问明白他得钱的地方。寡妇的儿子说:"我真的不是发现了地下的宝藏。我母亲告诉我,先父死时,放过一枚金币在他的口中,我就去挖开坟墓,拿到了这枚钱。"

于是国王派人检验真假。使者去了,果然发现确有这件事。国王听到使者的报告,心想:"我先前聚集这么多宝物,想把它们带到后世。可是那个死人却连一枚钱也带不走,我要这些珍宝又有什么用?"

从此,国王不再敛财,一心教化民众,他的国家也因此而兴盛。

世间事总是难以两全,为金钱投入太多精力时你往往就需付出自由的代价,终日劳碌奔忙,无暇享受该有的自由和快乐。寡妇的儿子因为金钱被国王拷打,失去了追求美好生活的自由,而寡妇的丈夫因为金钱连安睡于九泉的自由都要丢失,那么国王丢掉的是什么?生前享受天伦之乐的自由。公主

丢掉的是什么？自己选择生活伴侣的自由。这就是金钱的卑劣之处。

有一个农民想买一块土地，他打听到有个地方的人想卖地，于是就到了当地，向当地人询问土地的价格。

当地人说："只要交两个金币，给你一天的时间，从太阳升起的时候算起，直到太阳落下地平线，你能用步子圈多大的地，这些地就都归你了；但是在太阳落下地平线之前你不能回到起点的话，这些土地你将一寸也得不到。"

农民心里想："那我辛苦一点，多走一些路，就可以圈更大块的土地了，这样的生意实在是太划得来了。"于是他就和当地人签订了合约。

天刚刚亮，他就迈着大步向前奔走；到了中午，他也顾不得吃饭，当回头看时他已经看不见出发的地方了。但是他仍然不停地往前走，心里在想："再忍耐一下，以后就可以多享受一点了。"

他又走了好远的路，眼看太阳就要落山了，他心里非常着急，因为太阳下山之前他不赶回起点，这些土地将不属于他了。于是他大步往回赶，可是太阳很快就要落到地平线以下了，终于，他耗尽了全身的力气，这时离起点只剩两步了，当他倒下的时候两只手刚好触到起点的那条线。那片土地归他了，可是又有什么用呢？他已经失去了生命。

贪婪是人的本性。因为贪婪，无论穷人还是富人，都沦为金钱的奴隶。一生的幸福在没有来得及享受时就快速消逝。没有了生命何谈金钱和自由？所以，人不应该太贪婪，在有生之年让自己充分享受到活着的自由和快乐才是最重要的。

第七章
凡事随缘 得失何必强求

潮涨潮落,阴晴圆缺;成败得失,悲欢离合。世间万事万物自有其自身的发展规律,许多时候并不是人力所能转移的,如果你固执于此,岂不是自己给自己添堵?"深信高禅知此意 闲行闲坐任荣枯",看看这是一种多么洒脱的境界,做人做事当能及此一二,人生必是另一番皆大欢喜的大好局面。

任运随缘身心无缚

禅学经典《坛经》上说:"念念之中,不思前境。若前念今念后念,念念相续不断,名为系缚。于诸法上,念念不住,即无缚也。"不能任运随缘,就束缚了身心的发展,于做人处世都没有什么益处可言的。

唐代药山禅师投石头禅师门下而悟道,他得道之后。门下有两个弟子,一个叫云岩,一个叫道吾。有一天,大家坐在郊外参禅,看到山上有一棵树长得很茂盛,绿荫如盖,而另一棵树却枯死了,于是药山禅师观机逗教,想试探两位弟子的功行,先问道吾说:"荣的好呢?还是枯的好?"道吾说:"荣的好!"再问云岩,云岩却回答说:"枯的好!"此时正好来了一位俗姓高的沙弥,药山就问他:"树是荣的好呢?还是枯的好?"沙弥说:"荣的任它荣,枯的任它枯。"

他们三个人对树的成长衰亡有三种不同的意见,寓意他们对修道所采取的态度,有三种不同的方向。虽然高沙弥的见解有点谁都不得罪的意味,然而这却是禅对这件事的正解:我们平常所指陈的人间是非、善恶、长短,可以说都是从常识上去认识的,都不过停留在分别的知识界而已,但是这位见道的沙弥却能截断两边,从无分别的慧解上去体认道的无差别性,所以说:"荣的任它荣,枯的任它枯。"

宋代的草堂禅师总结了这一公案,并作偈一首——
云岩寂寂无窠臼,灿烂宗风是道吾。
深信高禅知此意,闲行闲坐任荣枯。

人活着,要做的事情很多,奢望每一件都能按自己的设想发展结局,是根本不可能的!一切的羁恋苦求无非徒增烦恼,只有一切随缘,才能平息胸中的"风雨"。

苏东坡和秦少游一起外出,在饭馆吃饭的时候,一个全身爬满了虱子的乞丐上前来乞讨。

苏东坡看了看这个乞丐对秦少游说道:"这个人真脏,身上的污垢都生出虱子了!"

秦少游则立即反驳道:"你说的不对,虱子哪能是从身上污垢中生出,明明是从棉絮中生出来的!"两人各执己见,争执不下,于是两个人打赌,并决定请他们共同的朋友佛印禅师当评判,赌注是一桌上好的酒席。

苏东坡和秦少游私下分别到佛印那儿请他帮忙。佛印欣然允诺了他们。两人都认为自己稳操胜券,于是放心地等待评判日子的来临。评判那天,佛印不紧不慢地说道:"虱子的头部是从污垢中生出来的,而虱子的脚部却是从棉絮中生出来的,所以你们两个都输了,你们应该请我吃宴席。"听了佛印的话,两个人都哭笑不得,却又无话可说。

佛印接着说道:"大多数人认为'物'是'物','我'是'我',然而正是由于'物'、'我'是对立的,才产生出了种种矛盾与差别。在我的心中,'物'与'我'是一体的,外界和内界是完全一样的,它们是完全可以调和的。好比一棵树,同时接受空气、阳光和水分,才能得到圆融的统一。管它虱子是从棉絮还是污垢中长出来的,只有把'物'与'我'的冲突消除,才能见到圆满的实相。"

佛印化解苏东坡与秦少游的赌局正是采用了"枯也好,荣亦好"的禅理。如果想真正做到任运随缘,那我们就应该多向唐代高僧赵州禅师多取取经——

唐代高僧从谂禅师,因为久居赵州(今河北省赵县)观音院,因此被唤作"赵州禅师"。

一日,两名云游僧到赵州禅师所在的观音院挂单,恰好与赵州禅师相遇。

赵州禅师问其中一名云游僧:"你以前到过这儿吗?"

僧答:"到过。"

赵州禅师说:"吃茶去。"

赵州禅师又问另外一僧,僧答:"我第一次到这里来。"

赵州禅师说:"吃茶去。"

观音院住持大感不解，问道："来过也吃茶去，没来过也吃茶去，这是什么意思？"

赵州禅师大叫一声："住持！"

观音院住持脱口而答："是！"

赵州禅师说："吃茶去。"

对于生活，我们应该抱有赵州禅师所主张的"任运随缘，不涉言路"态度，只有"遇茶吃茶，遇饭吃饭"，除去一切颠倒攀缘，才是畅快人生的真谛。

"求不得"源于"放不下"

"若著相于外，而作法求真，或广立道场，说有无之过患，如是之人，累劫不可见性。"《坛经》在这里点明了"若著相于外"的种种弊端，目的只有一个，那就是让人们懂得"放下"、懂得"放手"。佛语中讲的"放下屠刀，立地成佛"中的"放"意为"放弃"而"屠刀"则泛指恶念。不论是"放弃"与"放下"，都是让人们将某些该放下的事情要敢于放下、勇于放下。

从古到今，芸芸众生都是忙碌不已，为衣食、为名利、为自己、为子孙……哪里有人肯静下心来思考一下：忙来忙去为什么？多少人是直到生命的终点才明白，自己的生命浪费太多在无用的方面，而如今却已没有时间和精力去体会生命的真谛了。唐代的寒山禅师针对这一现象作过一首《人生不满百》的诗——

人生不满百，常怀千岁忧。

自身病始可，又为子孙愁。

下视禾根土，上看桑树头。

秤锤落东海，到底始知休。

此诗可以这样解释:"人生不满百,常怀千岁忧",尽管人生非常短暂,但是人们却都抱着长远规划,全然忘记生命的脆弱;"自身病始可,又为子孙愁",不仅应付自己的烦恼,还要为子孙后代的生活操劳;"下视禾根土,上看桑树头",生命中劳劳碌碌都是为衣食生计奔波,哪里有时间停下来思考一下生命的意义;"秤锤落东海,到底始知休",人生的轨迹就如同掉进水里的秤砣一样,直到走到生命的尽头才会停止。

寒山禅师以此诗提醒世人:"即刻放下便放下,欲觅了时无了时。"能放下的事情不妨放下,若是等待完全清闲再来修行,恐怕是永远找不到这样的机会啦。

从前有个国王,放弃了王位出家修道。他在山中盖了一座茅草棚,天天在里面打坐冥想。有一天感到非常得意,哈哈大笑起来,感慨道:"如今我真是快乐呀。"

旁边的修道人问他:"你快乐吗?如今孤单地坐在山中修道,有什么快乐可言呢?"

国王说:"从前我做国王的时候,整天处在忧患之中。担心邻国夺取我的王位,恐怕有人劫掠我的财宝,担心群臣觊觎我的财富,还担心有人会谋反……现在我做了和尚,一无所有,也就没有算计我的人了,所以我的快乐不可言喻呀。"

人生往往如此:拥有的越多,烦恼也就越多。因为万事万物本来就随着因缘变化而变化,凡人却试图牢牢把握让它不变,于是烦恼无穷无尽。倒不如尽早放下,烦恼自然会渐渐减少。话虽如此,又有谁能放下呢?

许多人都有贪得无厌的毛病,正因为贪多,反而不容易得到。结果患得患失,徒增压力、痛苦、沮丧、不安,一无所获,真是越想越得不到。

有个孩子把手伸进瓶子里掏糖果。他想多拿一些,于是抓了一大把,结果手被瓶口卡住,怎么也拿不出来。他急得直哭。

佛陀对他说:"看,你既不愿放下糖果,又不能把手拿出来,还是知足一点吧!少拿一些,这样拳头就小了,手就可以轻易地拿出来了。"

在生活中,要学会"得到"需要聪明的头脑,但要学会"放下"却需要勇气与智慧。普通的人只知道不断占有,却很少有人学会如何放下。于

善心做人 凡心做事
善心是对人生的奖赏
凡心是获得幸福的源泉
ShanXinZuoren FanxinZuoshi

是占有金钱的为钱所累，得到感情的为情所累……佛家劝人们放下，不是要人们什么事情都不做，是说做过之后不要执着于事情的得失成败：钱是要赚的，但是赚了之后要用合适的途径把它花掉，而不是试图永远积攒；感情是应该付出的，不过不必要强求付出的感情一定得到回报，更何况什么天长地久。如果我们学会了"放下"的智慧，那么不仅会利益周围的人，更是从根本上解脱了我们自己。

当佛陀在世的时候，有位婆罗门的贵族来看望他。婆罗门双手各拿一个花瓶，准备献给佛陀作礼物。

佛陀对婆罗门说："放下。"

婆罗门就放下左手的花瓶。

佛陀又说："放下。"

于是婆罗门又放下右手的花瓶。

然而，佛陀仍旧对他说："放下。"

婆罗门茫然不解："尊敬的佛陀，我已经两手空空，你还要我放下什么？"

佛陀说："你虽然放下了花瓶，但是你内心并没有彻底地放下执着。只有当你放下对自我感观思虑的执着、放下对外在享受的执着，你才能够从生死的轮回之中解脱出来。"

在我们寻常人的眼里，世间的万法往往是被认为是实有的，加之我们以固有的观念去看待世间的万物，因而在我们主观的视角中便产生畸形的人生观，当作衡量世间一切事物的尺度，因而使我们深深地被是非、烦恼困扰住了。于是人生就平生起了许多的痛苦，而我们自身又无法摆脱这种痛苦的缠绕。显然，我们要摆脱世间各种烦恼的缠缚，单纯地依靠世间的智慧，无疑是不可能实现的，有时我们还需要一种勇气、一种敢于"放下"的勇气。比方说我们对某些事"求不得"时，就会想尽一切办法努力去争取实现其目的，而当这一目的被实现之后，新的欲求又将会接着产生，由是转而产生新的烦恼，如此则永无了期。此时此刻，如果我们心中能够产生一种"放下"的勇气，这个烦恼也就有了期限。

懂得"放下"，是一味开心果、是一味解烦丹、是一道欢喜禅。只要我们能够适时地"放下",何愁没有快乐的春莺在啼鸣;何愁没有快乐的泉溪在歌唱;何愁没有快乐的鲜花在绽放!

勇于接受无常的人生

在佛陀时代,有一位妇人,她只生了一个儿子,因此,她对这唯一的孩子百般呵护,特别关爱。可是,天有不测风云,人有旦夕祸福,妇人的独生子忽然染上恶疾,虽然妇人尽其所能邀请各方名医来给她的儿子看病,但是,医师们诊视以后都相继摇头叹息,束手无策。不久,妇人的独生子就离开了人世。

这突然而至的打击,就像晴天霹雳,让妇人伤透了心。她天天守在儿子的坟前,夜以继日地哀伤哭泣。她形若槁木,面如死灰,悲伤地喃喃自语:"在这个世间,儿子是我唯一的亲人,现在他竟然舍下了我先走了,留下我孤苦伶仃地活着,有什么意思啊?今后我要依靠谁啊?……唉!我活着还有什么意义呢?"

妇人决定不再离开坟前一步,她要和自己心爱的儿子死在一起!四天、五天过去了,妇人一粒米也没有吃,她哀伤地守在坟前哭泣,爱子就此永别的事实如锥刺心,实在是让妇人痛不欲生啊!

这时,远方的佛陀在定中观察到这个情形,就带领了五百位清净比丘前往墓冢。佛陀与比丘们是这么样的安详、庄严,当这一行清净的队伍宁静地从远处走过来时,妇人远远地就感受到佛陀的慈光摄受,她认出了佛陀!她忽然想到世尊的大威德力,正可以解除她的烦忧。于是她迎上前去,向佛陀五体投地行接足礼。佛陀慈祥地望着她,缓缓地问道:"你为什么一个人孤单地在这墓冢之间呢?"妇人忍住悲痛回答:"伟大的世尊啊!我唯一的儿子带着我一生的希望走了,他走了,我活下去的勇气也随着他走了!"佛陀听了妇人哀痛的叙述,便问道:"你想让你的儿子死而复

生吗？""世尊！那是我的希望！"妇人仿佛是水中的溺者抓到浮木一般。

"只要你点着上好的香来到这里，我便能咒愿，使你的儿子复活。"佛陀接着嘱咐，"但是，记住！这上好的香要用家中从来没有死过人的人家的火来点燃。"

妇人听了，二话不说，赶紧准备上好的香，拿着香立刻去寻找从来没有死过人的人家的火。她见人就问："您家中是否从来没有人过世呢？""家父前不久刚往生。""妹妹一个月前走了。""家中祖先乃至于与我同辈的兄弟姊妹都一个接着一个过世了。"……妇人始终不死心，然而，问遍了村里的人家，没有一家是没死过人的，她找不到这种火来点香，失望地走回冢前，向佛陀说："大德世尊，我走遍了整个村落，每一家都有家人去世，没有家里不死人的啊……"

佛陀见因缘成熟，就对妇人说："这个婆娑世界的万事万物，都是遵循着生灭、无常的道理在运行；春天，百花盛开，树木抽芽，到了秋天，树叶飘落，乃至草木枯萎，这就是无常相。人也是一样的，有生必有死，谁也不能避免生、老、病、死、苦，并不是只有你心爱的儿子才经历这变化无常的过程啊！所以，你又何必执迷不悟，一心寻死呢？能活着，就要珍惜可贵的生命，运用这个人身来修行，体悟无常的真理，从苦中解脱。"老妇人听了佛陀为她宣说无常的真谛立刻扭转了自己错误的观念知见，此时围绕在冢间观看的数千人群，在听闻佛法真理的当下，也一起发起了无上菩提心。

生命每时每刻都在不停地消逝，然而能洞察到这一点的人却不多，洞察到且能够超越的人更是微乎其微。通常，人们总是沉浸在种种短暂幻化泡沫式的欢乐中，不愿意正视这些。然而，无常本就是生命存在的痛苦事实，故生命从来就没有停止流逝。

然而生命的流逝乃至消失，又是必须面对的事实。逃避是不可能的，也无法逃避。无常的真理在事物中无时无刻不在现身说法，依恋的亲人突然间死去，熟悉的环境时有变迁，周围的人物也时有更换。享受只是暂时，拥有无法永恒。

秦皇汉武、唐宗宋祖，转眼间，而今都已不在。人世间的荣耀与悲哀，到最后统统埋在土里，化作寒灰。他们活着的时候，南征北战，叱咤风云，风流占尽，转眼间失意悲伤，仰天长啸，感叹人世，瞑目长逝了，也都化成一捧寒灰，连缅怀的袅袅香烟皆无。如果生前尚能冷静地反省，一定会明晓生活在世界上是大可不必吵闹不休的。"闲云潭影空悠悠，物换星移几度秋？阁中帝子今何在？槛外长江空自流"。

春该常在，花应常开，而春来了又去了，了无踪迹；花开了又落了，花瓣也被夜里的风雨击得粉碎，混同泥尘，流得不知去处。

的确，人们每提起"人生无常"这个观念，大多认为意义是负面的，但我们是否曾从相反的角度来考虑问题——若不是有无常的存在，花儿永远不会开放，始终保持含苞的姿态，那大自然不是太无趣了吗？大自然中，当花草树木的种子悄悄地掉落大地，无常就开始包围着它们，让阳光、土和水来滋养和改变它们，不消多久，植物的种子开始生根、发芽、长叶、开花和结果，让人们惊异于生命的可贵，这是无常带来的改变，这种改变是一种喜悦。

人们害怕无常，不喜欢无常带来的负面改变。但是，任何现象都是一体两面的，有白天就有黑夜，有好就有坏，有对就有错，有生就有死，有天堂也有地狱，因此不必害怕无常，反而要勇敢地接受无常，迎接它令人欢喜的一面，也接受它使人痛苦的另一面。

淡然而从容地面对生死

有两个人从乡下来到城市，几经磨难，终于赚了很多钱。后来年纪大了，就决定回乡下安享晚年。在他们回乡的路上，佛祖装扮成一位白衣老者，手拿一面铜锣，在那里等他们。

他们说："您在这做什么？"

佛祖说："我是专门帮人敲最后一声铜锣的人。你们两个都只剩下七

善心做人 凡心做事
——善心是对人生的奖赏 凡心是获得幸福的源泉
ShanxinZuoren FanxinZuoshi

天的生命,到第七天黄昏的时候,我会拿着铜锣到你们家的门外敲,你们一听到锣声,生命就结束了。"

讲完后,佛祖便消失不见了。

这两人一听就愣住了:在城市里辛苦了那么多年,赚了这么多钱,要回来享福了,没想到却只剩下七天好活的日子了。

两人各自回家后,第一个人从此不吃不喝,每天在想:"怎么办?只剩七天可活!"他就这样垂头丧气,面如死灰,什么事也不做,只记得那个老人要来敲铜锣。

他一直等,等到第七天的黄昏,整个人已如泄了气的皮球。

终于,那个老人来了,拿着铜锣站在他家门外,"咣"地敲了一声。一听到锣声,他就立刻倒下去,死了。

为什么呢?因为他一直在等这一声锣响,等到了,也就死了。

第二个人心想:"太可惜了,赚了那么多钱,只剩下七天可活。我自小就离家,从没为家乡做过什么,我应该把这些钱拿出来,分给家乡所有苦难和需要帮助的人。"

于是,他把所有的钱都分给了穷苦的人,又铺路又造桥,光是处理这些就让他忙得不得了,哪还记得七天以后的铜锣声。

到了第七天,他才把所有的财产都散光了。村民们都很感谢他,于是就请了铜鼓戏到他家门口来庆祝,场面非常热闹,舞龙舞狮,又放鞭炮,又放烟火。

到了第七天黄昏,佛祖依约出现,在他家门外敲铜锣。他敲了好几声铜锣,可是大伙全都没听到,佛祖知道再怎么敲也没用,只好走了。

这个有钱人过了好多天才想起老人要来敲锣的事,心里还纳闷:"怎么他失约了?"

死亡对于消极的人来说是一种折磨,对于积极的人则是一种重生的机会。生命本就遵循着它自身的规律,有生就有死,当你有幸来到这个世界时,就该在心里感谢上天的这一恩赐,活着的时候尽自己的所能为这个世界尽自己的一点微薄之力,而当死亡来临时,也当从容淡定,无怨无悔地接受你该接受的事实。生时不能珍惜该珍惜的,死时又眷恋红尘,不愿离去，这便是一个不够合格的人。

在《佛经》里有六种对死亡的认识：

死如出狱——苦难聚集的身体如同牢狱，死亡好像是从牢狱中释放出来，不再受种种束缚，得到了自由。

死如再生——"譬如从麻出油，从酪出酥"，死亡是另一种开始，不是结束。

死如毕业——生的时候如同在学校念书，死亡就是毕业了。

死如搬家——有生无不死，死只不过是从身体这个破旧腐朽的屋子搬出来，回到心灵高深广远的家。如同《出曜经》上说"鹿归于野，鸟归虚空，真人归灭"。

死如换衣——死亡就像脱掉穿破了的衣服，再换上另外一件新衣裳一样。《楞严经》云："十方虚空世界，都在如来心中，犹如片云点太清。"一世红尘，种种阅历，都是浮云过眼，说来也只不过是一件衣服而已。

死如新陈代谢——我们人身体上的组织每天都需要新陈代谢，旧的细胞死去，新的细胞才能长出来；生死也像细胞的新陈代谢一样，旧去新来，绵延不绝，使生命更可珍贵。

中国禅宗祖师们最精彩的部分，不是他们谈出世间达于极致的真理性叙述，而是这个群体五花八门、无比精彩的死亡表演。

有站着死的，坐着死的，走着死的，倒立着死的，覆船死的，真的是"将头临白刃，犹如斩春风"一般洒脱自在。

这和浪漫主义者对死亡的憧憬以及一般人对死亡的服从是多么的不同。这也正是一个禅者的生活态度，面对生死，可以超脱生死，面对尘世，亦可超脱尘世，任何外物都无法牵绊他们的心灵，束缚他们的从容。

我们总是对死亡过度恐慌。

既然死亡是我们谁也不可能避免的事，既正常又绝对，那么我们自欺欺人又有什么用？难道这样就能阻止死亡的到来吗？

如果抗拒与不安不能避免死亡，那么何妨怀着希望与安心迎接死亡？

对我们而言，肉体的死亡是不可避免的。若将之认定为生命终点站，之后一切将归于零，那我们就会因为绝望而放弃很多美好！

一个人死了，所有的一切都没有任何意义了，在佛家，认为这是不正确的"断见"。活着的时候我们尽自己的能力追求事业，不辞辛劳，追求心灵的超越，付出努力；一旦我们面临死亡，就能坦然离开。

只有对死亡有了正确的认识，人的思想才可以升华到更光明的境界。

人生要随缘而定

一个和尚因为耐不住佛家的寂寞下山还俗去了。

不到一个月，因为耐不得尘世的口舌，又上山了。

不到一个月，又因不耐寂寞还俗去了。

如此三番，老僧就对他说："你干脆不必信佛，脱去袈裟；也不必认真去做俗人，就在庙宇和尘世之间的凉亭那里设一个去处，卖茶如何？"

这个还俗的人就讨了媳妇，支起一个茶店。

日子过得红红火火。其实，人生中的前进与后退没有定式。假如，生活无法让你继续前进或者连退路都难以走通，那你不妨随缘而定。

从小我们就被教导要持之以恒，做事情要有恒心和毅力。比如："只要努力，再努力，就可以达到目的。"你如果按照这样的准则做事，你常常会不断地遇到挫折和产生负疚感。由于"不惜代价，坚持到底"这一教条的原因，那些中途放弃的人，就常常被认为"半途而废"，令周围的人失望。其实，人生有些事是强求不来的，实在做不到何不放弃，如果你死钻牛角尖不放，那么你就是放弃了在其他事情上成功的机会。

正是因为持之以恒这个害人的教条，使人们即使有捷径也不去走，而弃简就繁，并以此为美德，加以宣扬。美国前总统候选人巴布·杜尔（BobDole）在离开参议院时说："我会不辞艰辛地去竞选，我曾经不畏艰辛地做好任何一件事，这种方式对我十分有益。"我们并不否认杜尔先生对国家的贡献和个人取得的成就，但很可能正是由于他不辞艰辛的做事方式，使他日见苍老、疲惫和心力交瘁。

人们应该调整思维，尽可能用简便的方式达成目标。如果你在与别人做同一件事情的时候，可以躺在树荫下的吊床里，喝着柠檬汽水，打着手机，轻松自如地完成工作；而其他人则要急匆匆地赶公交车，拿着塞得满满的公文包，走在嘈杂的街头，在接待室里挨着时间等待……二者相比，你当然应该得到更多的喝彩。

一个推销员被客户以"再说吧"这样的轻松方式逐渐毁掉前程。他在每一次与客户洽谈业务的时候都力图操纵局面，所以客户能给他的答案只有"再说吧"。而他办公桌上的档案大多也是"容后再议"。他日复一日地与这些客户满怀希望地联络，却毫无所获，仍以此为荣。

他的这种坚忍不拔的精神没有任何实用价值。收入丰厚的推销员只是尽快行动，要求客户给出明确的"是"或"不是"的答案。这样他们就不必在已接触的客户身上再花费时间和精力，而及时投身到与下一个客户的业务上去。不论你把推销讲得多么复杂，它首先是一个数字游戏。你能很快了解谁对你说"不"，你就能听到更多次的"是"。

这位勤奋、却自毁前程的推销员认为，只要他能坚持不懈地与这些客户一而再、再而三地联络，凭着他的执着，他的客户一定会与他达成交易。他认为自己的毅力一定会瓦解客户的拒绝。事实却不尽如人意。

《思考致富》一书的作者拿破仑·希尔曾经在爱迪生的实验室中访问他。爱迪生做了一万多次实验才发明了电灯。希尔问他："如果第一万次实验失败了，你会怎么办？"

爱迪生回答："我就不会在这儿与你谈话了，此刻我会把自己锁在实验室中，做第一万零一次实验。"

这个小故事被大多数谈到"进取"的演说家用作坚忍不拔的典型例证。他们会说："每次你打开电灯的时候，都可以感受到爱迪生是一个毅力非凡的人。"这是无稽之谈，我们应该感受到的是：爱迪生是用科学的方法进行发明创造的科学家。

希尔没有表达出来的，也许他认为人们可以自己领悟出来的是：爱迪生不是把同一个实验做了一万次。他做了一万个不同的实验，也就是做了

一万次假设,而且——发现不对就马上放弃。他做了一万次的半途而废。

执着是一种可贵的精神,但如果你坚持的东西本身有问题,那你的执着就该被称为固执,一个人想登月球,他的理想很伟大,但是能够登月的又有几人呢?如果他坚持他的选择至死不悔,那么我们会说他执着还是可笑呢?所以"半途而废"也是一种智慧。

聚散离合皆是缘

爱情全凭缘分,缘来缘去,不一定需要追究谁对谁错。爱与不爱又有谁可以说得清?当爱来的时候只管尽情地去爱,当爱失去的时候,就潇洒地挥一挥手吧,人生短短几十年而已,自己的命运把握在自己手中,没必要在乎得与失,拥有与放弃,热恋与分离。

失恋之后,如果能把诅咒与怨恨都放下,就会懂得真正的爱。虽然在偶尔的情景下依然不免酸楚、心痛。卢梭十一岁时,在舅父家遇到了刚好大他11岁的德·菲尔松小姐,她虽然不很漂亮,但她身上特有的那种成熟女孩的清纯和靓丽还是将卢梭深深地吸引住了。她似乎对卢梭也很感兴趣。很快,两人便轰轰烈烈地像大人般地恋爱起来。但不久卢梭就发现,她对他的好只不过是为了激起另一个她偷偷爱着的男友的醋意——用卢梭的话说"只不过是为了掩盖一些其他的勾当"时,他年少而又过早成熟的心便充满了一种无法比拟的气愤与怨恨。

他发誓永不再见到这个负心的女子。可是,二十年后,已享有极高声誉的卢梭回故里看望父亲,在波光潋滟的湖面上游玩时,他竟不期然地看到了离他们不远的一条船上的菲尔松小姐,她衣着简朴,面容憔悴。卢梭想了想,还是让人悄悄地把船划开了。他写道:"虽然这是一个相当好的复仇机会,但我还是觉得不该和一个四十多岁的女人算二十年前的旧账。"

爱过之后才知爱情本无对与错、是与非,快乐与悲伤会携手和你同行，直至你的生命结束！卢梭在遭到自己最爱的人无情愚弄后的悲愤与怨恨可想而知，但是重逢之际，当初那种火山般喷涌的愤怒与报复欲未曾复燃，并选择了悄悄走开，这恰好说明世上千般情，唯有爱最难说得清。

如果把人生比作一棵枝繁叶茂的大树，那么爱情仅仅是树上的一粒果子，爱情受到了挫折、遭受到了一次失败，并不等于人生奋斗全部失败。世界上有很多在爱情生活方面不幸的人，却成了千古不朽的伟人。因此，对失恋者来说，对待爱情要学会放弃，毕竟一段过去不能代表永远，一次爱情不能代表永生。

聚散随缘，去除执着心，一切恩怨都将在随水的流逝中淡去。那些深刻的记忆也终会被时间的脚步踏平，过去的就让它过去好了，未来的才是我们该企盼的。

缘聚缘散总无强求之理。世间人，分分合合，合合分分谁能预料？该走的还是会走，该留的还是会留。一切随缘吧！

不要期待完美的爱情

一位方丈想从两个徒弟中选一个做衣钵传人。

一天，方丈对徒弟说："你们出去给我拣一片最完美的树叶。"两个徒弟遵命而去。

时间不久，大徒弟回来了，递给方丈一片并不漂亮的树叶，对师父说："这片树叶虽然并不完美，但它是我看到的最完整的树叶。"

二徒弟在外转了半天，最终空手而归，他对师父说："我见到了很多很多的树叶，但怎么也挑不出一片最完美的……"

最后，方丈把衣钵传给了大徒弟。

现实生活中女人寻找的是"白马王子"，男人寻找的则是才貌双全的"人间尤物"，他们寄予爱情与婚姻太多的浪漫，这种过于理想化的憧憬，

使许多人成了爱情与浪漫的俘虏。

其实，十全十美的人在现实生活中根本不存在，有些人，特别是女性，往往容易一味沉醉于罗曼史所带给她们的短暂刺激之中。其实爱情可以让人创造奇迹，也可以令人陷入盲目，要知道美满的爱情不是那些日思夜想的白日梦，而且即使再美丽的梦想也不过是一个梦而已。脱离实际的幻想，超乎现实的理想化，往往使爱情失去真正的色彩。

刘静、阿彩、沙沙是好得不能再好的闺中密友，三人中刘静长得最美，沙沙最有才华，只有阿彩各方面都平平。三个人虽说平时好得恨不能一个鼻孔出气，但是在择偶标准上，三个人却产生了极大的分歧。刘静觉得人生就应该追求美满，爱情就应该讲究浪漫，如果找不到一个能让自己觉得非常完美的爱人，那么情愿独身下去。而沙沙则觉得婚姻是一辈子的大事，必须找一个能与自己志趣相投的男人才行。只有阿彩没有什么标准，她是个传统而又实际的人——对婚姻不抱不切实际的幻想，对男人不抱过高的要求，对人生不抱过于完美的奢望，她觉得两个人只要"对眼"，别的都不重要。

后来，阿彩遇到了陈军，陈军长相、才情都很一般，属于那种扎在人堆里就会被淹没的男人，但他们俩都是第一眼就看上了对方，而且彼此都是初恋的对象，于是两个人一路恋爱下去。对此刘静和沙沙都予以强烈的反对，她们觉得像阿彩这样各方面都难以"出彩"的人，婚姻是她让自己人生辉煌的唯一机会，她不应该草率地对待这个机会。但是阿彩觉得没有人能够知道，漫长的岁月里，自己将会遇见谁，亦不知道谁终将是自己的最爱，只要感觉自己是在爱了，那么就不要放弃。于是阿彩二十五岁时与陈军结了婚，二十六岁时做了妈妈。虽说她每天都过得很舒服、很幸福，但她还是成为了女友们同情的对象，刘静摇头叹息："花样年华白掷了，可惜呀！"沙沙扁着嘴说："为什么不找个更好的？"

当年的少女被时光消耗成了三个半老徐娘，刘静众里寻他千百度，无奈那人始终不在灯火阑珊处，只好让闭月羞花之貌空憔悴；而沙沙虽然如愿以偿，嫁给了与自己志趣一致的男士，但无奈两个人虽然同在一个屋檐下，却如同两只刺猬般不停地用自己身上的刺去扎对方，遍体鳞伤后，不得不离婚。一旦离婚后，除了食物之外她找不到别的安慰，生生将自己昔日的窈窕，变成了今日的肥硕，昔日才女变成了今日的怨女；只有阿彩事业顺利，家庭和睦，到现在竟美丽晚成，时不时地与女儿一起冒充姐妹花招摇过市。

刘静认为完美的爱人、浪漫的爱情，能使婚姻充满激情、幸福、甜蜜，其实不然，完美的爱人根本就是水中月镜中花，你找一辈子都找不到，况且即使你找到了自己认为是最美满、最浪漫的爱情之后，一遇到现实的婚姻生活，浪漫的爱情立刻就会溃不成军，因为你喜欢的那个浪漫的人，进了围城之后就再也无法继续浪漫了，这样你会失望，失望到你以为他在欺骗你；而如果那个浪漫的人在围城里继续浪漫下去，那你就得把生活里所有不浪漫的事都担负起来，那样，你会愤怒，你以为是他把你的生活全盘颠覆了。

沙沙自视清高，把精神共鸣和情趣一致作为唯一的择偶条件，她期望组织一个精神生活充实、有较强支撑感的家庭，她希望夫妻之间不仅有共同的理想追求和生活情趣，而且有共同的思想和语言。可是事实证明她错了，她的错误并不在于对对方的学识和情趣提出较高的要求，而在于这种要求有时比较偏狭和单一。实际上，伴侣之间的情趣，并不一定公限于相同层次或领域的交流，它的覆盖面是很广泛的，知识、感情、风度、性格、谈吐等都可以产生情趣，其中，情感和理解是两个重要部分。情感是理解的基础，而只有加深理解才能深化彼此间的情感，双方只要具备高度的悟性，生活情趣便会自然而生。

阿彩的爱也许有些傻气，但恰恰是这种随遇而安的爱使她得到了他人难以企及的幸福。爱情中感觉的确很重要，感觉找对了，就不要考虑太多，不然，会错过好姻缘的。将来的一切其实都是不确定的，不确定的才是富于挑战的，等到确定了，人生可能也就缺少了不确定的精彩了。阿彩很庆幸自己及时把握住了自己的感觉，青春的爱情无法承受一丝一毫的算计和心术，上天让阿彩和陈军相遇得很早，但幸福却并没有给他们太少。

那些像阿彩一样顺利地建立起家庭的青年，都有一个共同的心理特征：他们敢于决断，不过分挑剔。爱情中的理想化色彩是十分宝贵的，但

是理想近乎苛求，标准变成了模式，便容易脱离生活实际，显得虚幻缥缈。不要死守着一份完美的期待，你自己都不完美，如何去要求其他？过于苛求，只能导致一无所有，还是顺其自然，珍惜眼下拥有的才是上策。

不因得到和失去而或喜或悲

世间事，凡有一得必有一失，凡有一失必有一得。当你终于成功了，失去的是青春；你终于事业有成了，失去的是健康；一些所谓的成功人士有许多女伴的时候，失去的也许是忠贞不渝的爱情和夫妻间的相濡以沫；儿孙满堂时，失去的却是一生。

我们出来做事，如果一点都放不开，什么也舍不得的话，很可能就什么也得不到；你捡起一块石头之后总也放不下的话，双手就不能用来干别的事了。

而一个人的精力总是有限的，如果什么都想得到，分心太散，则很可能什么也得不到，什么事也做不成。有的人总幻想着做遍世上的一切工作，那太不现实了。人还是一辈子只做几件事好，但是要把那几件做的像个样子。

希尔·西尔弗斯坦在《失去的部件》中记述了这样一个故事：

一个圆环失去了一个部件，它滚动着去寻找这个部件。因为缺少了部件，它的滚动非常缓慢，这使得它有机会欣赏沿途的鲜花，可以与阳光对话，和地上的小虫聊天，同蝴蝶吟唱……而这是它在完整无缺、快速滚动时无法注意、没能享受到的。但当它找到那个部件后，因为滚得太快，它不能从容欣赏花，也没有机会聊天，因而失去了所有的朋友，一切都变得稍纵即逝……

在梦中的天姥山的石阶上，脚著谢公履，看海日，闻天鸣，醒来便仰天长啸出门去，不肯摧眉折腰事权贵的李白选择了骑鹿游名山，失去了权势，却得到了开心颜。

在南山蜿蜒的小路上，东篱下，一个采菊的身影，挥罢衣袖，吟道："少无适俗韵，性本爱深山。"在误落尘网三十年后，陶渊明选择了守拙归田园，失去了五斗米，却挺直了他的脊梁。

在惶恐滩头，在零丁洋里，文天祥一身浩然正气，不被利禄所惑，不为强暴所服，失去了生命，却赢得了千古赞颂。

不是一切失去都只意味着缺憾。

在国家生死存亡的关头，为了个人的恩怨，为了一己之私，秦桧谗言献媚，一句"莫须有"，断送了祖国大好河山。是的，他得到了满足，却留下了千古骂名。

在列强任意践踏我们的民族的危难中，为了荣登大宝，圆皇帝梦，袁世凯泯灭良知，断然签下了旨在灭亡中国的"二十一条"。是的，他得到了帝国主义的支持，最终却在绝望中死去。

在国家蓬勃发展的时候，在人民需要体恤的时候，为了金钱，为了虚荣，他忘记了信仰，背叛了人民，伸出了贪污之手。是的，他得到了一时的荣华，却最终难逃法网。

不是一切得到都意味着圆满。

在人生道路上，在花花世界里，你是否看清：不是一切失去都意味着缺憾，不是一切得到都意味着圆满。

不要为失去的追悔伤心，也许失去意味着更好的得到，只要你选择的是纯洁而又美好的理想；不要为得到的而沾沾自喜，也许得到代表着你失去了更多，如果你选择的是虚荣而又自私的目标。

天台国清寺的两个诗僧，在幽静的林子里，在月光下对话。一问：世人谤我、欺我、辱我、恶我，如何？一答：你只需由他、任他、忍他，你且看他。

是啊，无论失去或得到，只需用一颗平静的心去面对，缺也会是圆。

得与舍的关系是很微妙的，一个人一生中可能只能得到有限的几样东西，甚至几点东西。而这些东西可能要用一生的时间来换取，所以在这个意义上人生是个悲剧。这个世界上有那么多东西，又有那么多美好的东

善心做人 凡心做事
善心是对人生的奖赏
凡心是获得幸福的源泉
ShanxinZuoren FanxinZuoshi

西，可是那一切好像与你无关，它对于你只是作为一种诱惑出现，你只能眼睁睁看着别人将它拿走。如果一点都放不开，什么都舍不得，什么都想得到，就会活得很累。可是你本来就一无所有，甚至这世界上本来就无你，从这点看，你已经获得了几样东西，最起码获得了生命，和来世界走一遭的体验。上帝对你还是不错的，起码在这个美好纷繁的世界上旅游了这些许年，所以你看，你是不是又得到了许多？

参透了得与失，就不会得意忘形，也不会悲观失望，有一颗平常心，一颗从容心，就可以做事了。

生活的两面

俗话说"万事有得必有失"，得与失就像小舟的两支桨，马车的两只轮，得失只在一瞬间。失去春天的葱绿，却能够得到丰硕的金秋；失去青春岁月，却能使我们走进成熟的人生……失去，本是一种痛苦，但也是一种幸福，因为失去的同时也在获得。

所以得到与失去、追求与放弃，是现实生活中再平常不过的事情了，我们应该以一种平常、豁达的心态去看待。

一位大财主名叫提婆，为人刻薄、爱财如命，不但多方聚敛，就是一件极小的公益都不肯去做。家中虽藏有八万余两黄金，日常生活却过得和穷人一样，人们都非常讨厌他。他一死，没有子孙来继承财产，依照法律，财产全归国有，这下子人心大快，也不免议论纷纷。

波斯王深感疑惑，就去请教佛陀："佛陀！像提婆这样悭吝的人，为什么今生会这么富有呢？"

佛陀微笑道："大王！这是业报，是有前因的。提婆在过去世中曾供养过一位辟支佛，种了不少善根，所以得到了多生多世的福报，今生的富贵是他最后一次的余福了。"

波斯王又追问道:"他今生虽未行善事,但也未造恶业,在他生死相续的来生,能不能也像今生一样的大富呢?"

佛陀摇摇头说:"不可能了!他的余福已经享尽,而今生又没有布施种福,来生绝对不可能再享受福报了。"

《因果经》有一首偈这样说道:"富贵贫穷各有由,夙缘分是莫强求。未曾下得春时种,坐守荒田望有秋。"其实,人世间的事,无论好坏、善恶、得失、有无,都有其因果关系,没有任何一件事可以脱离因果法则的。同样是人,为什么有人富贵,有人贫贱呢?这是因为有的人好吃懒做,悭吝不舍,整日游手好闲,不事生产,自然坐吃山空;有的人辛勤劳作,乐善好施,懂得广结善缘,自然生财有道。

在佛门里称布施为"种福田",只要有播种,必然会有结果,至于何时才能有收成,就有待因缘成熟了。悭贪之人应该知道喜舍结缘乃是发财顺利之因,不播种,怎有收成?而且布施应在不自苦、不自恼的情形下为之,否则就是不净之施,不是真心惠人!

有舍有得,舍与得是生活的两面。得到了这一面,就必然会舍去另一面。正如福祸相倚一样。世界上有许多人因为各种原因失去了他们本该拥有的,也得到了别人无法得到的。

1880年,海伦·凯勒出生于美国亚拉巴马州的一个小镇,她从小聪明过人,但在十九个月大的时候,一场暴病残酷地夺去了她视、听、说的全部能力。后来她在家庭教师莎莉文小姐的帮助下,靠着日复一日、年复一年的奋力拼搏,不但学会了读书、写作、说话,而且上了大学,并最终克服常人无法想象的困难,成为一名举世瞩目的大作家,著有《我生活的故事》等共十四部作品,许多国家授予了她荣誉学位和勋章。她的著作不仅被译成了布莱叶盲文,而且还译成了其他各种语言在全世界出版发行,她的事迹不但鼓舞了全球的残疾人,而且也鼓舞着无数健全的人。透过她那传奇的人生经历,人们对她身上那坚强的品质钦佩不已,这个双目失明的聋哑人,战胜三重残疾而创造了人生辉煌的传奇般经历,激励着一代又一代的人去为美好的明天而努力,去寻找自己在困境中更辉煌的生存方式。

海伦是不幸的。但因为这种不幸,使得她更渴望得到一种承认。所

以，可以说苦难给了她不幸，同时也教给了她微笑面对生活让自己创造奇迹的勇气。相对于海伦而言，我们多数人是幸运的，而我们没有做出太大的成就是因为我们大多数人都存在着心理惰性。当然，也不是说因为有了类似海伦的经历就是好的。而是说这个世界其实一直都在遵守着能量守恒定律。生活让你失去了一部分，就必然会在另一部分中给你补偿。

有一个十岁的小男孩在一次车祸中失去了左臂，但是他很想学柔道。最终，小男孩拜一位日本柔道大师为师，开始学习柔道。他学得不错，可是练了三个月，师傅只教了他一招，小男孩有点弄不懂了。

一天，他终于忍不住问师傅："我是不是应该再学些其他招法？"师傅回答说："不，你只需要会这一招就够了。"小男孩并不是很明白，但他很相信师傅，于是就继续照着练了下去。

几个月后，师傅第一次带小男孩去参加比赛。小男孩自己都没有想到居然轻轻松松地赢了前两轮。第三轮稍稍有点艰难，但对手还是很快就变得有些急躁，连连进攻，小男孩敏捷地施展出自己的那一招，又赢了。就这样，小男孩迷迷糊糊地进入了决赛。

决赛的对手比小男孩高大、强壮许多，也似乎更有经验。关键时刻，小男孩显得有点招架不住了。裁判担心小男孩会受伤，就叫了暂停，还打算就此终止比赛，然而师傅不答应，坚持说："继续下去！"

比赛重新开始后，对手放松了戒备，小男孩立刻使出他的那招，制服了对手，最终获得了冠军。

在回家的路上，小男孩和师傅一起回顾每场比赛的每一个细节，小男孩鼓起勇气道出了心里的疑问："师傅，我怎么能仅凭一招就赢得了冠军？"

师傅答道："有两个原因：第一，你几乎完全掌握了柔道中最难的一招；第二，据我所知，对付这一招唯一的办法是对手抓住你的左臂。"

生活就是这样，有时缺陷可以变成优势。所以，当你具有缺陷时，不要为此忧伤，因为生活本来就有它的两面性。谁都无法逃离这个规则。

不要为错过了的怀有遗憾

我们匆匆行走于这个世界时,是否可以将一路的美景尽收眼底?是否可以将世间珍品都收归己有?不,不可能,甚至大多数的时候我们常常错过它们。于是,人生便有了"遗憾"这一词组。仔细想想,遗憾能给你留下什么?除了一种难以诉说的隐痛,似乎没有任何好处。所以,不要让自己总是怀有这种隐痛,佛法讲"万事随缘",既然你与之无缘,那就随它自去吧!

禅界里讲了这样一个故事以警示世人:

一个小孩在一处平静的地方玩,这时来了一位禅师,给了小孩一块糖,于是,小孩非常高兴。

过了一会儿,禅师看见小孩哭得很伤心,就问他为什么哭,那小孩说:"我把糖丢了。"

禅师想:"这小孩没糖时很平静,平白无故得到糖时很高兴,等到糖丢了时,便极度的伤心。那失去糖后,应与没得到糖时一样呀,又有什么可伤心的呢!"

是啊!为什么要伤心呢?

人生中一些极美极珍贵的东西,常常与我们失之交臂。

世间的好的事物其中都暗藏了一些遗憾,生活中有一种痛苦叫错过,这是最深刻的痛苦。

岁月会把拥有变为失去,也会把失去变为拥有。你当年所拥有的,可能今天正在失去,当年未得到的,可能远不如今天你正拥有的。有时候错过正是今后拥有的起点,而有时拥有恰恰是今后失去的理由。

美国的哈佛大学要在中国招一名学生,这名学生的所有费用由美国政府全额提供。初试结束了,有三十名学生成为候选人。

善心做人 凡心做事
——善心是对人生的奖赏 凡心是获得幸福的源泉

考试结束后的第十天,是面试的日子。三十名学生及其家长云集锦江饭店等待面试。当主考官劳伦斯·金出现在饭店的大厅时,一下子被大家围了起来,他们用流利的英语向他问候,有的甚至还迫不及待地向他做自我介绍。这时,只有一名学生,由于起身晚了一步,没来得及围上去,等他想接近主考官时,主考官的周围已经是水泄不通了,根本没有插空而入的可能。

于是他错过了接近主考官的大好机会,他觉得自己也许已经错过了机会,于是有些懊丧起来。正在这时,他看见一个外国女人有些落寞地站在大厅一角,目光茫然地望着窗外,他想:身在异国的她是不是遇到了什么麻烦,不知自己能不能帮上忙。于是他走过去,彬彬有礼地和她打招呼,然后向她做了自我介绍,最后他问道:"夫人,您有什么需要我帮助的吗?"接下来两个人聊得非常投机。

后来这名学生被劳伦斯·金选中了,在三十名候选人中,他的成绩并不是最好的,而且面试之前他错过了跟主考官套近乎、加深自己在主考官心目中印象的最佳机会,但是他却无心插柳柳成荫。原来,那位异国女子正是劳伦斯·金的夫人,这件事曾经引起很多人的震动:原来错过了美丽,收获的并不一定是遗憾,有时甚至可能是圆满。

人生要留一份从容给自己,这样就可以对不顺心的事,处之泰然;对名利得失,顺其自然。要知道世上所有的机遇并不都是为你而设的,人生总是有得有失,有成有败,生命之舟本来就是在得失之间浮沉!美丽的机会人人珍惜,然而却并非我们都能抓住,错过了的美丽不一定就值得遗憾。

战争时期,有一个人居住的地方遭遇了一次敌机的空袭。当时,他匆匆跑向一个拥挤不堪的防空洞,但是却发现洞内人满为患,无奈之中,他只能怀着遗憾朝远处的另一个防空洞跑去,还没等他跑出多远,突然身后传来一声巨响,敌机扔下的炸弹落地爆炸,刚才他去过的那个防空洞不幸被命中,洞中无一人生还。

有些美丽是不该错过的,而有些美丽则需要你去错过。从前,一位旅行者听说有一个地方景色绝佳,于是他决定不惜一切代价也要找到那个地方，一饱秀色。可是经历了数年的跋山涉水、千辛万苦后，他已相当疲惫，但目的地依然渺无踪影。这时，有位老者给他指了一条岔路，告诉他美丽的地方很多很多，没必要沿着一条路走到底。他按老者的话去做了，不久他就看到了许多异常美丽的景色，他赞不绝口，流连忘返，庆幸自己没有一味地去寻梦中那个美丽的地方。

生活就是如此，跋涉于生命之旅，我们的视野有限，如果不肯错过眼前的一些景色，那么可能错过的就是前方更迷人的景色，只有那些善于舍弃的人，才会欣赏到真正的美景。

有些错过会诞生美丽，只要你的眼睛和心灵始终在寻找，幸福和快乐很快就会来到。只是有的时候，错过需要勇气，也需要智慧。

喜欢一样东西不一定非要得到它。有时候，有些人为了得到他喜欢的东西，殚精竭虑，费尽心机，更有甚者可能会不择手段，以致走向极端。也许他在拼命追逐之后得到了自己喜欢的东西，但是在追逐的过程中，他失去的东西也无法计算，他付出的代价应该是很沉重的，是其得到的东西所无法弥补的。

为了强求一样东西而令自己的身心疲惫不堪，是很不划算的，况且有些东西一旦你得到了它，日子一久你可能会发现其实它并不如原本想象中的好。如果你再发现你失去的比得到的东西更珍贵的时候，你一定会懊恼不已。俗话说："得不到的东西永远是最好的。"所以当你喜欢一样东西时，得到它也许并不是最明智的选择，而错过它却会让你有意想不到的收获。总之，人生需要一点随意和随缘，不为失去了的遗憾，也不为希求着的执着。无执、无贪，这便是禅的随性境界。

何必盯着成功不放

成功是我们一生追求的目标，可是在人生的路上，衡量成功还是失败绝非只有结果这个唯一的标准，而且我们还应该考虑一下，我们盯着这个"成功"付出了怎样的代价，是得大于失，还是失大于得。

一位天文学家每天晚上外出观察星象。

一天晚上，他在市郊慢慢前行时，不小心掉进一口枯井里。他大声呼救。

正巧一个过路的和尚听见了，急忙赶过来救他。和尚看见天文学家的狼狈样，不禁感叹道："施主，你只顾探索天上的奥秘，怎么连眼前的普通事物也视而不见了？"

那天文学家却说："对于我而言，探索到天上的奥秘是我的梦想，也标志着我人生的成功。"和尚只有无奈地摇头。

对成功的定义，应该说是仁者见仁，智者见智。有的人认为腰缠万贯才是成功，可是财富却往往与幸福无关。纽约康奈尔大学的经济学教授罗伯特·弗兰克说：虽然财富可以带给人幸福感，但并不代表财富越多人越快乐。一旦人的基本生存需要得到满足后，每一元钱的增加对快乐本身都不再具有任何特别意义，换句话说，到了这个阶段，金钱就无法换算成幸福和快乐了。

如果一个人在拼命追求金钱的过程中，忽略了亲情，失去了友谊，也放弃了对生命其他美好方面的享受，到最后即便成了亿万富翁，不也难以摆脱孤独和迷惘的纠缠吗？所以并非是金钱决定了我们的愿望和需求，而是我们的愿望和需求决定了金钱和地位对我们的意义。你比陶渊明富足一千倍又怎么样，你能得到他那份"采菊东篱下，悠然见南山"的怡然吗？

在美国新泽西州，有一位叫莫莉的著名兽医劝告人们向动物学习。她拿鸟做例子说："鸟懂得享受生命。即使最忙碌的鸟儿也会经常停在树枝上唱歌。当然，这可能是雄鸟在求偶或雌鸟在应和，不过，我相信它们大部分时间是为了生命的存在和活着的喜悦而欢唱。"

可是作为万物之灵长的人类，在对待生命的态度上却未必能有这种豁达，有的人穷其一生，都无法达到这样的境界。有的人认为，得到了金钱就得到了幸福，这是多么可笑的想法！可见，他们并不知道金钱和幸福是没有必然联系的。有了金钱，并不一定就会带来幸福，反而因为金钱而引发不幸的事例倒是比比皆是。

还有的人认为只有拥有了盛名，才意味着成功。殊不知，功名利禄不过是过眼烟云，生命的辉煌恰恰隐藏在平凡生活的点滴之中。也有的人认为权倾一时就是成功，更有的人认为出类拔萃才是成功，平庸就意味着失败，可是生活的真实却往往是有些人看起来不怎么起眼，活得却是挺来劲儿。哥伦比亚大学的政治学教授亚力克斯·迈克罗斯发现，那些脚踏实地、实事求是的人往往比那些好高骛远的人快乐得多。

其实谁也不至于活得一无是处，谁也不能活得了无遗憾。一个人不必太在乎自己的平凡，平凡可以使生命更加真实；一个人不必太在乎未来会如何，只要我们努力，未来一定不会让我们失望；一个人不必太在乎别人如何看自己，只要自己堂堂正正，别人一定会对我们尊重；一个人不必太在乎得失，人生本来就是在得失间徘徊往复的。

一个人要想生活得快乐，就要学会根据自己的实际情况来调整奋斗目标，适当压制心底的欲望。不要因为自己才质平庸而闷闷不乐，生活中，智慧与快乐并无联系，反倒是"聪明反被聪明误"、"傻人有傻福"的例子俯拾皆是。

很多人年轻的时候无忧无虑地生活，虽然没有钱，没有名，没有地位，但是他们真的很快乐，什么都不用想，只做自己喜欢做的事情，可是当他们开始追求人人向往的传说能带给他们幸福快乐的各种东西之后，却渐渐地发现自己不得不放弃那些他们喜欢做的事情了，而他们得到的却并没有给他们带来多少快乐，带来的反而是负担，压得他们无法追求别的东

善心做人 凡心做事

——善心是对人生的奖赏
凡心是获得幸福的源泉

ShanXin Zuoren
FanXin Zuoshi

西，压得他们无法轻松地面对自己真正的梦想。这时他们往往会痛苦不堪地一遍一遍地问自己："为什么得到的都是我不想要的，而我想要的却总是得不到？"

其实，从某种意义上讲，人生中，一个男人最大的成就是有一个好妻子，一个女人最大的成功是有一个好孩子，一个孩子最大的成功是能心理和生理都健康地成长。这才是最踏实最快乐的成功诠释。

人生是公平的，你要活得随意些，或许就只能活得平凡些；你要活得辉煌些，或许就只能活得痛苦些；你要活得长久些，或许就只能活得简单些。

第八章

踏实做人 心态决定命运

心比天高的人往往命比纸薄,欲速则不达,越是浮躁离成功就越远。人生的道路没有什么捷径可走,唯有脚踏实地,不断地思考,不断地虚心学习。用一颗平凡的心去做平凡的事,而结果却可以收获一段不平凡的人生旅程。

活着为了一个过程

一个国王生了女儿后，非常高兴，他日夜盼望女儿快些长大，可女儿仍然在不紧不慢地长，丝毫不理会他的急迫心情，国王没办法，便把宫中的医师召来。国王命令医师："给我一种药，能够使我的女儿吃了立即长大。"

医师回答说："我可以给您这种药，使公主立即长大，但眼下还没有这种药方，必须去寻找。但在我找药期间，请大王您不要去看公主，等公主服药后，再请您见公主。"于是他就到远方去找药了。

十二年过去了，医师采药回来了，他把药给公主吃了后，便带她去见国王。国王见到长大后的女儿很高兴，自言自语地说道："确实是良医，给我女儿吃了药，能让她立即长大。"便诏令左右的侍从，给医师赏赐珍珠宝物。

人们都嘲笑国王的无知，不懂得起码的常识，不管女儿的年龄，看见她长大了，便认为是药的作用。

有一个信徒来到修行有道的高僧面前说："我想得到您的指点，使我很快地透彻领悟人生。"

高僧便从基础开始，教他坐禅抛除一切尘念的静虑，领会佛教对人生、对社会的观察和解释，积累认识各种行为的规范，达到摒弃一切人生烦恼的修悟境界。

这人听后欢呼雀跃，说道："真快乐啊！大师，您这么快就让我能达到佛学的最高境界，真是了不起呀。"

高僧摇摇头，一声不吭地离开了。

生命是一个自然的过程。生的必然和死的必然一样重要。然而，生命却不仅有这两个概念，生与死对于某个个体而言也许只是一个符号，更重要的意义在于从生到死的整个过程。这是你我该经历的,也是你我最该尊重的。生命注定要在由小到大的过程中加入酸、甜、苦、辣的滋味,感受喜、怒、哀、乐的种种心境。在经历了一切该经历的之后,由青涩变成深红,从幼稚变成圆熟。如果你拒绝了经历,也就拒绝了生命。所以请不要在幼嫩的时候,急于经风历雨,也不要在熟韧之后渴盼回到从前。一生的过程需要每一天最真实的感受的积淀。

《沙原隐泉》中有这样一段话:"爬,不为那山顶,只为已经画下的曲线;爬,不管最后到达什么地方,只为了已经耗下的生命;爬,站在永久的顶端,不断浮动的顶端,自我的顶端。爬,只管爬。"生命的意义在于一个攀爬的过程,那是站在今天的顶端向着明天的顶端进步的过程,因为每个人生命的终点都是一样的,都将化作泥土。

有人说,人生就像一本书,中间夹杂着无数的坎坷与危机,让人久久不能平静;也有人说,人生就像一场戏,有高兴、有失落、有松弛,也有紧张,令人回味无穷。其实无论是书还是戏,人生都是一个过程。一个人有好的结果,往往是因为他注重实现生命价值的过程,而且在这个过程中他从没有失落不断追求的精神;因为他知道唯有追求,才能完善生命过程,充实出一个有价值的生命。成功人士对于真理、对于事业的追求无不如此。而有些人却不懂得努力的过程,过分看重结果,到头来却是一事无成;其实只要追求过、用心过,即使得不到,也不会有遗憾!

传说中的荆棘鸟,就是用剧痛和生命换得了一次生命的绝唱,它让人们明白只有磨难与苦痛才能造就辉煌的生命过程。没有严冬漫天雪,哪得梅花扑鼻香?古今中外,任何成就的背后都是一个艰辛的历程,成功的事业需要经营,美满的婚姻需要经营,无悔的人生更需要经营。用心去经营,生命的句号一定会很精彩。

怎能混混沌沌混一世

人活百年都无法参透两个字——"生"与"死",但是不管人们能否参透这两个字,最终的结果都是一样的。然而,在同样境况下忙忙碌碌的一生里,有的人活了个明白,为了自己的理想而奋斗、而忙;有的人却一辈子稀里糊涂,不知自己在忙什么,为什么而忙!因此,上面两种人有着不同的命运与结果。

在《坛经》中,六祖慧能认为悟禅与人生是一样的,如果在悟禅时"只在嘴上念叨空",而不去探究其中的"究竟",那么,这段看似在用功努力的时间实则是荒废掉了,慧能认为如果这样的话,"就是花费一万劫的时间,也不能正确认识自我的本性,到头来还是毫无益处"。

六朝时期的宝口禅师对于六祖慧能这段话深有体会,因此悟出——

口内诵经千卷,体上问经不识。

不解佛法圆通,徒劳寻行数墨。

不管是六祖慧能也好,还是宝口禅师也罢,他们都想揭示一个禅理,那就是人活百年一定要有一个明确的目的,不能混混沌沌混一世。

的确,人生是短暂的。倘若我们不能正视人生,人生就会如流水般——只有流走的,却没有留下的。因此我们一定要明白我们这短暂的一生是怎样度过的。怎样过才是有意义的呢?

一天,佛陀等弟子们化缘归来后,问他们道:"弟子们!你们每天忙忙碌碌托钵化缘,究竟是为了什么呢?"

弟子们双手合十,恭声答道:"佛陀!我们是为了滋养身体,以便长养色身,来求得生命的清净解脱啊。"

佛陀用清澈的目光环视着弟子们,又沉静地问道:"那么,你们且说说肉体的生命究竟有多长久?"

"佛陀！芸芸众生的生命平均起来不过几十年的光阴。"一个弟子充满自信地回答。佛陀摇了摇头："你并不了解生命的真相。"

另一个弟子见状，充满肃穆地说道："人类的生命就像花草，春天萌芽发枝，灿烂似锦；冬天枯萎凋零，化为尘土。"佛陀露出了赞许的微笑："嗯，你能够体察到生命的短暂迅速，但对佛法的了解仅限于表面。"

又有一个无限悲怆的声音说道："佛陀！我觉得生命就像浮游虫一样，早晨才出生，晚上就死亡了，充其量只不过一昼夜的时间！""嗯！你对生命朝生暮死的现象能够观察入微，对佛法已有了深入肌肤的认识，但还不够完满。"

在佛陀的不断否定、启发下，弟子们的灵性越来越被激发起来。又一个弟子说："佛陀！其实我们的生命跟朝露没有两样，看起来不乏美丽，可只要阳光一照射，一眨眼的工夫它就干涸消逝了。"

佛陀含笑不语。弟子们更加热烈地讨论起生命的长度来。这时，只见一个弟子站起身，语惊四座地说："佛陀！依弟子看来，人生只在一呼一吸之间。"

语音一出，四座愕然，大家都凝神地看着佛陀，期待佛陀的开示。

"嗯，说得好！人生的长度，就是一呼一吸。只有这样认识生命，才是真正体证了生命的精髓。弟子们，你们切不要懈怠放逸，以为生命很长，像露水有一瞬，像浮游虫有一昼夜，像花草有一季，像凡人有几十年。生命只是一呼一吸！应该把握生命的每一分钟，每一时刻，勤奋不已，勇猛精进！"

人们往往在生与死的抉择中，才能体会到生命的意义，才会明白活着的价值，不要将自己的生命浪费在那些没有丝毫意义的事情上，要抓住每分每秒可以利用的时间充实自己。

有许多人的生命虽然短暂，然而他们活得却很精彩；有的人虽然能够活到百岁，然而他们却稀里糊涂、空活百年；有的人总是因为害怕死亡而嫌时间过得太快，事实上他们每天都在浪费着时间；有的人却忙碌得来不及考虑这些无谓的问题，他们的时间每一分每一秒都被充分利用上了，根本"来不及老"。而这种"来不及老"的人，虽然无法达到参透生死的境

界，然而他们离这种境界却并不遥远。

佛光禅师门下的大弟子大智，出外参学三十年后归来，正在法堂里向佛光禅师述说此次在外参学的种种经历，佛光禅师面带慰勉的笑容倾听着，最后大智问道："师父，这三十年来，您老一个人还好？"

佛光禅师道："我很好，每天在法海里泛游，讲学、说法、著作、写经，世上没有比这更欣悦的生活了。我每天忙得很快乐。"

大智关心地说道："师父，您应该多一些时间休息！"

夜深了，佛光禅师对大智说道："你休息吧，有话我们以后慢慢谈。"

清晨在睡梦中，大智隐隐听到佛光禅师的禅房中传出阵阵诵经的木鱼声。白天，佛光禅师总不厌其烦地对一批批来礼佛的信众开示，讲说佛法，一回禅堂不是拟定信徒的教材，便是批阅学僧的心得报告，每天总有忙不完的事。

好不容易看到佛光禅师刚与信徒谈话告一段落，大智忙过来抢着问佛光禅师道："师父，分别这三十年来，您每天的生活仍然这么忙碌，怎么都不觉得您老了呢？"

佛光禅师道："我没有时间觉得老呀！"

"没有时间老"，这句话后来一直在大智的耳边回响着。

事实上，佛光禅师并非没有老，毕竟三十年的时间对于谁来说都不算短，那么他为什么却并没有觉得自己老呢？

这主要还是在于他对待人生的态度上，正是他将自己每天的工作安排得很充实，让原本一天中的无数个断点紧密地联系在了一起，他才"来不及老"的。

许多人都有这样的感受：当我们还是孩童时曾经有过许多的梦想，但当我们还未想如何去实现这些梦想时，死亡已经悄然而至。我们只能感叹、只能埋怨我们没有看清什么是人生。于是我们祈求上天能让我们回到从前，但那只能是一厢情愿的奢望而已。所以无论我们现在是背着书包上学堂的娃娃，还是上有老下有小的中年，抑或是白发斑斑的老人，都要珍惜我们剩余的人生，奔着我们拟定的人生目标实实在在地做点努力，便不会留下那么多的遗憾与悔恨了。

"人的一生应当这样度过：当他回首往事时不因虚度年华而悔恨，也不因碌碌无为而羞耻。"的确，我们只有将这句话领悟于心，踏踏实实走好每一步，在离开这个世界的时候才能无怨无悔、坦然面对。

以一颗虚心去走脚下实实在在的路

《坛经》言道，"识自本心，达诸佛理，和光接物"，很明确地告诫我们，要以一种虚怀若谷的心态与人友好相处，唯有这样才能去除心中的烦恼与顾虑。世人虽然都识此道，而能够做到的却少之又少。

善昭禅师曾手执竹杖，对弟子们说，禅家须识得"拄杖子"，始能彻底修行，了毕参学大事，并作《竹杖偈》，而这首诗偈就暗含了"和光接物"的禅意——

一条青竹杖，操节无比样。

心空里外通，身直圆成相。

渡水作良朋，登山堪依仗。

终须拨太虚，卓在高峰上。

此偈中竹杖其色青翠，节操古朴，象征人的韶华正盛，风操卓异。其心空形圆，象征人的虚怀若谷，圆融通达。"卓在高峰上"，比喻可励志助人到达崇高的境界。而这一切喻象，又蕴涵着深妙的禅意，颂赞参禅者悟后之空明心境，以及迥异于世俗的节操。

虚怀若谷是一种自谦，然而很多人却缺乏这种自谦，尤其是一些稍有点成就的"人物"。他们中很少有人会说：全凭机遇好，才得以享此地位荣誉。或者，即使口头谦虚，那心中的尾巴，却早已翘到天上去了。这些人往往是粗俗浅显、无大智慧之人，建树也会戛然而止。

一个满怀失望的年轻人千里迢迢来到法门寺，对住持释圆说："我一心一意要学丹青，但至今没有找到一个能令我满意的老师。"

释圆笑笑问:"你走南闯北十几年,真没能找到一个自己的老师吗?"

年轻人深深叹了口气说:"许多人都是徒有虚名啊,我见过他们的画帧,有的画技甚至不如我。"

释圆听了,淡淡一笑说:"老僧虽然不懂丹青,但也颇爱收集一些名家精品。既然施主的画技不比那些名家逊色,就烦请施主为老僧留下一幅墨宝吧。"说着,便吩咐一个小和尚拿了笔墨纸砚来。

释圆说:"老僧的最大嗜好,就是爱品茗饮茶,尤其喜爱那些造型流畅的古朴茶具。施主可否为我画一个茶杯和一个茶壶?"

年轻人听了,说:"这还不容易!"

于是调了一砚浓墨,铺开宣纸,寥寥数笔,就画出一个倾斜的茶壶和一个造型典雅的茶杯。那茶壶的壶嘴正徐徐吐出一脉茶,注入到了茶杯中。年轻人问释圆:"这幅画您满意吗?"

释圆微微一笑,摇了摇头。

释圆说:"你画的确实不错,只是把茶壶和茶杯放错位置了。应该是茶杯在上,茶壶在下呀。"

年轻人听了,笑道:"大师为何如此糊涂,哪有茶壶往茶杯里注水,而茶杯在上茶壶在下的?"

释圆听了,又微微一笑说:"原来你懂得这个道理啊!你渴望自己的杯子里能注入那些丹青高手的香茗,但你总把自己的杯子放得比那些茶壶还要高,香茗怎么能注入你的杯子里呢?"

江河之所以能纳百涧之水,就是因为身处低处。做人也应如此,只有将自己放低,才能吸纳别人的智慧和经验。

有实力而不显耀实力,是智者的处事方法,古人常讲骄兵必败也是这个道理。

西汉刘邦驾崩以后,吕后总揽朝政,这期间南越王赵佗在岭南自治,不服朝廷管制。

朝廷大臣普遍认为赵佗根本不堪一击,纷纷劝说吕后出兵攻打赵佗,收复南越。他们说:"南越为蛮夷之邦,其军队不过是一帮乌合之众。昔日高祖皇帝无心攻打他们,便实行了安抚政策。现在我国兵强马壮,物资丰厚，正是讨伐南越的好时机！"吕后担心兵祸再起，没有同意立即发兵，然而她还是对南越王赵佗充满了鄙视。

长沙国和南越为邻，长沙王为了扩张势力，极力主张对南越用兵。长沙王见吕后不肯动武，于是建议禁止在南越边境上进行铁器交易，以遏制南越的发展。赵佗见朝廷政策有变，十分气恼，他便派军队攻陷了长沙国南部数县。吕后派兵反击，攻入南越国境内，平息了战争。

吕后死后，汉文帝即位，在南越的问题上依然没有一个明确的处理办法。一位反战的大臣对文帝说："我乃天朝大国，要打败小小的南越不在话下。可问题是，现在我军受不了南方的酷热潮湿，若打起仗来一定伤亡惨重。何况蛮族人生性野蛮，不好治理，我们胜了也会在南越的事情上大费精力，这样一来就得不偿失了。"

文帝觉得很有道理，便问这位大臣的看法。这位大臣回答说："做事不能为了虚名而受实害，如果皇上不在意取胜的虚名，那么就可以不去战胜南越，改攻伐为安抚。南越一旦受了皇上的恩惠，一定会感恩自省，消除对我国的敌意，这样国家就安宁了。"

文帝于是撤出南越国的汉军，对赵佗好言安抚。赵佗的亲人墓地在真定，文帝就将真定赐给赵佗，并派人按时祭祀。文帝又寻访赵佗的亲属，对他们礼遇优待，还亲封他们做了朝廷的高官。

赵佗知道这些事情后果然被感动了，从心里敬重文帝，他上表文帝请和，说："从前我不明事理，冒犯天朝的神威，现在看来我是罪孽深重啊！"赵佗请求以藩属国的身份，入京进贡。从此南部边境平静下来。

吕后武力征伐没有做到的事，文帝只靠安抚却做到了。文帝的罢兵一方面减少了伤亡，一方面也让赵佗感受到了大国的仁义，他从心里真正臣服了。

可见"虚"并不是真的弱，更不是害怕别人，而是利用一种明智的待人处事之道。老子曾经说过，"上善若水"，水比石头软，然而它却能将石头击穿（水滴石穿），人们倘若能够拥有这种虚怀若谷的心态，也同样能够克服众多困难，让人生和事业更上一层楼的。

但是人们站在高处时，内心常会产生一种"会当凌绝顶，一览众山

小"的骄傲态势，而正是这种骄傲态势，让众多的人仅仅登上人生中的"一个小土包"而已。只有敢于正视自己的成就，以一种自谦和矜持的态度去走脚下实实在在的路，你才能够真正攀上人生之巅。

人生所有的成就都来自于真才实学

《四十二章经》中的："夫见道者，譬如持炬入冥空中，其冥即灭，而明独存。学道见谛，无明即灭，而明长存矣。"告诉我们：要想有一番成就，就必须有真才实学，学习也一样，决不能华而不实，弄虚作假，自欺欺人。

我们在小学的时候，就读过这样一个寓言故事——《滥竽充数》。这则寓言告诉人们，做人要虚心，不能不懂装懂，必须有耐心，才能学到本领。

战国时期，齐宣王喜欢听竽，并且要三百人合奏，他对每位乐师都有重赏。一天，一位南郭先生也申请入队，齐宣王答应了。其实南郭先生并不会吹竽，每次吹奏时，他便装腔作势，蒙混过关。后来，齐宣王死了，齐滑王继位。他也喜欢听竽，但却喜欢独奏，南郭先生知道后，便连夜逃跑了。

《滥竽充数》为我们敲响了警钟，做人不能像南郭先生那样学而无术，经不起考验，这种人终究会被时代淘汰，成为"二等废物"。

在文艺复兴的年代，人们把大科学家和大艺术家当作最值得尊敬的人；在当今社会，人们把最有钱的人当作最值得尊敬的人。所以现在的人都追求物质的利益了，虽然说穿名牌能满足自己的虚荣心这是合理的，但毕竟这是人们物质崇拜的一种表现。不过说白了这也只是一种无可非议的事情，既然大家都觉得用名牌能让自己显得尊贵，那就这么认为吧，怎么说用得起那昂贵的名牌都在说明自己有能力。但是那种用假名牌和没钱也硬着头皮用名牌的人则是太过于虚荣了。虚荣本来就是把荣誉建立在不真实的基础上的，那些人就是把这种虚荣心建立在自己不真实的能力之上的。虽然说富与贵是人之所欲，但是所欲又能实现的人是不多的。当整个社会这种追逐名牌的风气越演越烈时，那就不好了，因为大家都更追求外在的荣誉而不是自己真才实学的荣誉，那对整个社会的进步是不好的。现在的这一代年轻人，都特喜欢攀比，无论有没有这样的家境。

一个女孩因为嫌弃家里住得差，父母不能满足她买一架钢琴的要求就离家出走了。作为我们来说，很多家庭都不是那么富裕的，如果孩子一味追求这种虚荣，不但加重了父母的负担，又很容易养成不好的习惯，他们那么追求物质的比较，当然就会减少精神的比较了，仿佛爱心、智慧、勤奋这些都不重要了，谁最有钱谁就是最好的了，这是错的！一般正常人都基本解决自己的衣食住行，过多的钱带来的更多的只是幻觉的东西。再说很多做小姐的，也许有些确实是迫不得已走上这条路的，但是也有一些是根本不用走上这条不归路的，难道自己有手有脚连让自己吃饱穿暖都做不到？就是因为虚荣。

正所谓眼望高山，脚踏实地。明日的栋梁，一定要有真才实学，决不能有半点虚假。只要我们树立信心，努力付出，何愁登不上知识高峰？

从现实出发 走一条适合自己的路

六祖慧能认为如果一个人的内心里"犹存见知"，哪怕只是心存片刻，也会有碍于他们的明心见性。一旦这般，必会使这些人错误地选择一条不适合自身的人生道路。接下来，他们便会历经数不尽的坎坷与不得意，终以失败告终。

每个人都应该实事求是地分析自己，对于那些主观的"见知"，要实事求是地加以判断，不可作眼高手低的奢想。

善心做人 凡心做事

善心是对人生的奖赏
凡心是获得幸福的源泉
ShanxinZuoren
FanxinZuoshi

宋代高僧道光法师曾经作过一偈，细细品读能给我们不少启迪——

万事悠悠心自知，强颜于世转参差。

移床独向秋风里，卧看蜘蛛结网丝。

道光法师的这首偈，很通俗、很好懂，他告诫人们无论到了何时何地都要有自知，倘若硬要"强颜于世转参差"做一些能力之外的事情，反不如踏踏实实做好一些平常事——"卧看蜘蛛结网丝"。

其实，一个人无论高低贵贱、贫富美丑，最难能可贵的是知道自己真正需要什么、追求什么——正确地做出自己的选择，不为那些世俗的观念所困惑，做适合自己的，而不是自己最想做的。

生活中，我们应该清楚什么适合自己，我们适合做什么。如果我们是一只鸡，我们就应该从土里刨食中找乐趣，倘若我们终日羡慕苍鹰在天空翱翔，渴望有一天自己能够变成苍鹰，那么我们便连土里刨食的丁点儿乐趣都没有了。我们应该经常问一问自己：我的能力如何？我的目标是否切合实际？我的理想中哪些是通过努力能够达到的，哪些是永远都达不到而应该放弃的？

从前，有个老铁匠，临死前将两个儿子叫到床前，对他们说："我打了一辈子铁，现在即将离开人世了，我没有什么东西留给你们的，只有两块我收藏已久的上等玄铁……"话还没说完，老铁匠就咽了气。

在老铁匠的两个儿子中，老大身材魁梧、天生力大，喜欢舞枪弄剑；老二却瘦小孱弱，喜欢钻研一些针头线脑的小玩意儿。

老铁匠死后，这两个儿子便按照自己的喜好，将得到的玄铁利用上了。老大用他那块儿玄铁打了一把宝剑，每天都刻苦练剑，下了不少的功夫。老二却用那块儿玄铁打造了几把锥子，出门摆摊给人缝缝补补，赚点小钱补贴家用。

哥哥见弟弟安于现状，不思进取很不高兴，便对弟弟说："玄铁本来就是打造宝剑的上等原料，而你却将它打造成了几把破锥子。你想想看，我今后可以凭借这把宝剑建功立业，而你却只能依靠这几把破锥子维持生计，真是目光如鼠呀。"弟弟听了既没有生气也没有反驳，依然埋头做活儿。

不久，异国入侵，老大背着宝剑毅然投军走上了战场。在千里边疆，老大倚仗着多年的苦心练出的好武艺挥剑劈敌无数，立下了赫赫战功。

平定叛乱之后，老大得到了皇帝的赏识，加官晋爵、荣华富贵自不可言。

老二的妻子见了，便埋怨丈夫说："当初，你若将那块玄铁也打造成了宝剑，也不至于生活得像今天这般贫穷了！"可是老二却说："我天生就是做小本生意的命，你让我挺剑上战场，岂不是白白送死。"

没过两年，朝中的一些奸臣便看不惯一介武夫的老大身居高位，于是便向皇帝屡进谗言陷害于他，而皇帝也觉得天下太平了，犯不着为了一个武将而惹得众臣不悦，于是打发老大回老家去了。

回到家乡的老大，尽管有一身好剑法，可是英雄无用武之地，还得靠瘦小的弟弟用锥子替别人干活挣两个小钱来维持生活，他不由地感叹："你的锥子还能做针线活儿，我这把剑能干什么呢？真是中看不中用，还不如一块废铁。"

我们很多人不也像这位哥哥一样，总认为自己应该成为一个非凡之人，要创造奇迹，看不起平凡的人生。然而，实践却告诉我们，大部分人根本不是那种一呼百应的英雄，而只是个普通得不能再普通的人。

也正是这些不切实际的想法，使得我们失去了许多应该享受的乐趣。其实，成功的最佳目标，不是最有价值的那个，而是最有可能实现的那一个。的确，一种生活，只要适合自己，只要有自己喜欢的内容，就是最好的生活，何必踏破铁鞋去寻找那些离你十万八千里、遥不可及的目标呢？

有一则小故事，说的是三个人同喝一眼泉水，其中一个人用金杯盛着喝，另一个人用泥碗盛着喝，第三个人用手捧着喝。用金杯之人觉得自己高贵，用泥碗之人觉得自己贫贱，而那个用手捧水喝的人痛痛快快说了一句：好甜的水！

人们有时候觉得生活得不痛快，很大程度上是因为他们错误地看高或者看低了自己，比如我们身材并不苗条，硬要穿一条非常流行的瘦腿裤子，即便我们费好大劲儿穿上了，结果也就可想而知——由于裤子太紧绷，我们将要受到强力地包裹，不舒服是自然的；这种形象站立在别人面前，带来的自然也不会是羡慕的眼光。难道我们就没有静心想想，这样做

又是何苦呢？

我们不比任何人高贵，也不比任何人低贱；不比任何人多什么，也不比任何人少什么，我们就是我们，我们每个人都是这个世界上的唯一。别人有别人的生活方式，我们有我们的生活方式，如果硬要"大脚穿小鞋"，或者"小脚穿大鞋"那只能是自讨苦吃、自找没趣。

人们常说，"只买对的，不买贵的！"我们做人做事也应如此，只有做适合我们的事、走适合我们的路，我们才能找到乐趣、找到成功。

以勤作桨让人生之船远航

唐代百丈怀海禅师，继承开创丛林的马祖道一禅师衣钵以后，立下一套极有系统的丛林规矩——百丈清规。所谓"马祖创丛林，百丈立清规"，即是此意。怀海禅师倡导"一日不作，一日不食"的农禅生活，曾经也遇到许多困难，因为佛教一向以戒律规范生活，而百丈禅师改进制度，以农禅为生活，甚至有人批评他为外道。因他所主持的丛林在百丈山的绝顶，故又号百丈禅师。他每日除了领众修行外，必亲执劳役、勤苦工作，对生活中的自食其力极其认真，对于平常的琐碎事情，尤不肯假手他人。

渐渐地，百丈禅师年纪老了，但他每日仍随众上山担柴、下田种地，因为农禅生活就是自耕自食的生活。弟子们不忍心让年迈的师父做这些粗重的工作，因此，大家恳请他老人家不要随众出坡（劳动服务），但百丈禅师仍以坚决的口吻说道："我无德劳人，人生在世，若不亲自劳动，岂不成废人？"

弟子们阻止不了禅师劳动服务的决心，只好将禅师所用的扁担、锄头等工具藏起来，不让他做工。

百丈禅师无奈，只好用不吃饭的绝食行为抗议，弟子们焦急地问他为何不饮不食？百丈禅师道："既然没有工作，哪能吃饭？"

弟子们没办法，只好将工具还给他，让他随众生活。百丈禅师这种"一日不作，一日不食"的精神，也就成为丛林千古的楷模！

勤为无价之宝，有益而辛勤的劳动总是人们安身立命的基础。古话说："业精于勤而荒于嬉。"一切术业的专精与实业的成就都在于勤奋地付出努力，名誉和光荣所构成的因素，就是辛劳所结的果实。

人性的偏失，最需注意防范的就是逸乐。

"户枢不蠹，流水不腐，以其劳动不息也"。停蓄池水，因为不流动的缘故，遂生腐败的细菌。逸乐并非幸福，逸乐惯了的人，越逸乐越觉不足，致使机能皆废，无事可做。人世间就因怠惰而令人毁心销骨，一切恶事皆由此生。

一个人精神的怠惰，比起身体的怠惰更糟，好像有智慧而不使用，有思想而不知探索，不就是如同销毁无价值的废料一样？

勤劳精神在个人生存和发展中起着决定性作用。古人云："一生之计在于勤。"早在《易经》中就有这样的言论："君子终日乾乾，夕惕若厉，无咎。"即君子白天辛勤不倦，自强不息，晚上谨慎小心，即使陷入危险境地，也可化险为夷。

佛说："一个人如果能对自己的工作与职责，勤勉不息，不粗心大意、不放逸，对于事件又能妥善办理，对于安身立命及生活职业亦安排得妥当合理，那么资财对于他来说，未得者可得，既得者则能永远妥为保存，不致散失。"

中国历代对勤勉敬业褒扬有加。周文王的祖父留给周文王的训条是：敬胜怠者吉，怠胜敬者灭。敬重地对待自己的工作，克服怠惰懒散的习惯就会得吉；让怠惰的心理占上风就要遭灭亡。孔子的先祖正考父是这样对待职务晋升的：《史记》记载他"一命而偻，二命而伛，三命而俯"。偻、伛、俯都是表示背脊弯曲程度的字。俯已是面朝黄土背朝天了。官当得越大，他的腰弯得越厉害，危机感越重。三命是上卿之职。就凭孔子先人的这种敬业精神，鲁国大夫孟釐子认为"圣人之后，必有达者"，临死时把儿子叫到身边，对儿子说："我死后你要把孔子当老师，跟他学习。"汉武帝一次问社会贤达、八十多岁的申公如何治理国家，申公说："为治者不

在多言，顾力行如何耳。"就看你身体力行得怎样。"德"这个字比较抽象，难以把握。古人提出"力行近乎德"。任何事情你只要力行就接近于有"德"了。南宋将领郦琼兵败投降了金国，继续带兵打仗，对两国将帅的作风深有体会：金军打仗，元帅、王爷都临阵督战，矢石交加战斗白热化时脱去盔甲指挥，各级将校意气自如，下面士兵没人敢怕死；南宋将帅出兵，身居数百里外，军令派侍从传递，而且这个军令也是参谋助手的主意，不是将帅自己深思熟虑的决定。郦琼认为金国军队所向无敌，而南宋军队像惊弓之鸟，听到金军拨弄弓弦发出点声响就败散而逃也是必然的。

《诗经·小雅》教导后人："密尔从事，不敢告劳。无罪无辜，谗口嚣嚣。"把你的事情做得密实些，不要说什么功劳苦劳。即使你无罪无错，还会有人到处说你不好。所以古代贤者勤小事，免大患。勤勉敬业的楷模是诸葛亮，人们用"鞠躬尽瘁，死而后已"来形容他。这是诸葛亮《后出师表》里的句子，也是他出师前向扶不起来的阿斗皇帝表明心迹的话。他也是如此实践的，五十三岁就过劳死了。他如果活到七十三岁，中国的这一段历史也许就要重写了。他留下的"军井未汲，将不言渴；军幕未施，将不言困；军火未燃，将不言寒；军食未熟，将不言饥"，是他带兵的沥血之言。诸葛亮的勤勉实在令人叹为观止。

勤劳是一个人生存发展的需要，是立身修德最基本的要求，同时也是在人生历程中不断前进的资本。勤劳一日，可得一夜安眠；勤劳一生，可得幸福长眠。生命的旅程就是一次远航，以勤作桨，生命的航船才能驶向远方，驶向彼岸，人生也就会更有意义。

珍惜活着的每一秒

有一个小和尚在一座名刹担任撞钟之职。他自认为早晚各撞一次钟，简单重复，谁都能做，并且钟声只是寺院的作息时间，没什么大的意义。

就这样，敲了半年钟无聊至极，"唉，做一天和尚，撞一天钟吧。"

有一天，方丈宣布调他到后院劈柴挑水，原因是他不能胜任撞钟之职。

小和尚听了很不服气，心想我撞的钟难道不准时、不响亮？

方丈告诉他说："你的钟撞得很响，但是钟声空泛、疲软，没什么力量。因为你心中没有'撞钟'这项看似简单的工作所代表的深刻意义。钟声不仅仅是寺里作息的准绳，更为重要的是要唤醒沉迷的众生。为此，钟声不仅要洪亮，还要圆润、浑厚、深沉、悠远。心中无钟，即是无佛；不虔诚，不敬业，怎能担当神圣的撞钟工作呢？"

时间对于每个人而言都是短暂的，我们应该对此有清醒的认识，不能像小和尚一样做一天和尚撞一天钟。

宋神宗时，宗本禅师应召住持洛阳慧林寺，多次进宫说法，备受礼遇。到了晚年，以老乞归。离开洛阳城的时候，前来送行的王公贵人车马相接。临分别时，宗本禅师告诫他们："岁月不可把玩，衰老、疾病随时可能来到。只有勤于修习，千万不可懈怠。"

的确，人的一生是短暂的，不管你如何养生，死亡终究是免不了的。如何能不虚度此生呢？唯有充分利用时间，努力、努力、再努力。

时间对于每个人都很公平，它不因你地位高、权力大、富有而多给你一分一秒，也不因你位卑、势小、贫穷而少给你一分一秒，关键是你如何去把握它。鲁迅先生说过，浪费别人的时间等于谋财害命，浪费自己的时间等于慢性自杀。伟大的文学家高尔基也曾说："世界上最快而又最慢，最长而又最短，最平凡而又最珍贵，最容易被忽视而又最令人后悔的就是时间。"我们要珍惜时间老人赐给我们的每一天，努力工作，让每一天都过得充实而又快乐，既不浪费自己的时间，更不浪费他人的时间。

一个人在年幼时总觉得时间是取之不尽，用之不竭的。如果你现在蹉跎岁月，等将来某一天你明白时间的宝贵时，可能就太晚了。财富是有形的东西，我们在消耗它时还能引起警觉；而时间是无形的东西，你稍一放纵自己，它就会溜走，而且根本不会引起你的注意。

颇具盛名的财务大臣劳伦斯曾说过："为一便士而笑的人，就会为一

便士而哭。"这句话同样适用于时间，即为一分钟而笑的人，就会为一分钟而哭。一秒、两秒的时间虽然极为短促，但你也不可轻视它。如果你不珍惜这看似微不足道的短暂时光，那么一天之中的无数个小时也将被浪费掉，一年下来，你浪费的时间将无法估量。

在对待时间的问题上，还有一点值得一提：你不要把"空闲时间"和"空白时间"混为一谈。例如，你要在两点钟去见一个朋友，但你在一点钟离开家门，准备顺道赶在两点钟之前去拜访另一位朋友。不巧的是，那位朋友不在家。这时，你该如何安排两点钟之前的这段时间呢？是在街上漫无目的地闲逛，还是在咖啡馆里坐一会儿？如果是一个会利用时间的人，他绝不会让这段时间荒废掉。他会立刻赶回家，利用这段短暂的时间给朋友写封回信，或是做些其他有意义的事。其实，最明智的办法就是，你应在离开家门的时候随身带上一些简短、有趣、知识性的短文，以供在空白时间里阅读。

如果你不想让时间出现空挡的话，还有很多充分利用时间的好方法。无论如何，你应该明白，与其呆呆地不知该去做什么，不如效仿一下别人，有效地去分配时间。

如果一个人连片刻的时间都能有效利用，那么他便能把握住更多的时间。你不要认为片刻的时间很短促，浪费掉了也不可惜。如果你抱着这种态度，那么事后想再将它们追回来就困难了。因为时光不会倒流，它只能是义无反顾地向前，所以我们生命中的一分一秒都值得好好珍惜。

光阴不等人 重要的是立即行动

一位禅师训诫他的弟子说："必须注意，切莫虚度时光。游览州县，横担拄杖，一千里两千里不停地游。这边过冬，那边度夏。好山好水随你心意，多斋供，又易得衣粮。苦恼委屈呀！苦恼委屈呀！受人一斗米，失却了半年粮，如此行脚有什么好处？诚心施主的一把菜一粒米，如何能消受呢？必须自己努力，没人可以替代。时光不会等待人，一朝死难临头，将用什么来抵挡？莫要像一个落入汤锅里的螃蟹手脚忙乱，没有说话的地方。切莫等闲，虚度了光阴。一旦失去了人身，将万劫不复。这不是小事，不要只顾目前。为了以后的修成正果，你必须立即做你该做的事。"

而在现实生活中，很多人没有意识到这一点，凡事能拖就拖，白白让大好的光阴从指间溜走。拖延，可以把自己拖垮，因为任何憧憬、理想和计划，都会在拖延中落空。把今天的事情拖到以后去做，所耗去的时间和精力要比今天就做大得多。立即行动，便会使人感到简单而快乐；拖延执行，便会最终使人感到艰辛而痛苦。避免拖延的唯一方法，就是随时主动地行动。我们在做某项重要决定时，可能是困难和痛苦的，但正确的决定一经做出，就要立即行动决不拖延。

有一个寓言故事是这样讲的：多年以来，一位老农的农田当中，一直横亘着一块大石头。这块石头碰断了老农的好几把犁头以及其他的农具。老农对此无可奈何，巨石成了他种田时挥之不去的心病。

一天，在又一把犁头碰坏之后，想起巨石给他带来的无尽麻烦，老农终于下决心了结这块巨石。于是，他找来撬棍伸进巨石底下，这时却惊讶地发现，石头埋在地里并没有想象的那么深、那么厚，稍使劲就可以把石头撬起来，再用锤打碎，便可清出田地。老农脑海里此时闪过多年来被巨石困扰的情景，再想到本可以更早些把这桩头疼事处理掉，禁不住一脸的苦笑。

从这则寓言故事中，我们会领悟出这样的道理：遇到问题应立即弄清根源，有问题更须立即处理，决不可拖延。如果一再拖延，造成的损失就会日益增大。

事实上，我们每个人都或多或少、或这或那地存在着一种不良习惯——拖延。我们常常因为拖延时间而懊恼不已，然而下一次又会惯性一般地拖延下去。这种现象，我们几乎可以不时遇见，以至于我们不以为然，以为它就是人的一种不可改变的本性了。

拖延时间，看似人的一种本性，实质上是在工作和生活中养成的一种极其有害于工作和生活的恶习。几乎人人都希望在工作和生活中消除因拖

延而产生的各种忧虑，但是，不少人却没有将自己的愿望付诸行动，不知道自己所拖沓的许多事情其实都是自己可以尽早完成的。我们不能够把自己拖延时间的这一毛病归咎于外界因素，因为拖延时间的是我们自己，由此受害的也是我们自己。

只有那些懂得如何利用"今天"的人，才会在"今天"创造成功事业的奠基石，孕育明天的希望。

拖延是吞噬生命的恶魔。一日有一日的理想和决断，昨日有昨日的事，今日有今日的事，明日有明日的事。有位专家在经过多年研究后得出结论："世上有93%的人都因拖延的陋习而一事无成，这是因为拖延能杀伤人的积极性。"

你是一个办事拖拉的人吗？拖延是人性的弱点，在生活中不仅强大而且令人讨厌；如果每当遇到糟糕的情况，你总是说"我应该做它，但应付它现在已经太晚了"，那么，你的"拖延"误区的形成则不能归咎于外在力量的影响，它完全是由你自己造成的。

很少有人能坦率地承认他的拖延，这种心态从长远来说是不健康的。拖延这一行为本身实际上是一种反映神经官能症的情绪副作用和固定的行为模式。如果你觉得你喜欢拖延并且没有负疚感、焦虑感或忐忑不安，那么，你就继续那样做下去好了。但是，你所期待已久的幸福却迟迟不会到来。

命运常常是奇特的，好的机会往往稍纵即逝，犹如昙花一现，如果当时不善加利用，错过之后就后悔莫及。决断好了的事情拖延着不去做，往往还会对我们的品格产生不良影响。唯有按照既定计划去执行的人，才能增进自己的品格，才能使其人格受到他人敬仰。其实，人人都能下决心做大事，但只有少数人能够一以贯之地去执行他的决心，而也只有这少数人是最后的成功者。

当一个生动而强烈的意念突然闪现在一个作家脑海里，他就会生出一种不可遏制的冲动，要把那意念描写在白纸上。但如果他那时有些不便，无暇执笔，一拖再拖，那么，那意念就会变得模糊，最后，竟完全从他思想里消逝。

一个神奇美妙的幻想突然跃入一个艺术家的思想里，迅速得如同闪电一般，如果在那一刹那间他把幻想画在纸上，必定有意外收获。但如果拖延着，不愿在当时动笔，那么过了许多日子，即使再想画，那留在他思想里的好作品或许早已消失了。灵感往往转瞬即逝，所以应该趁热打铁，立即行动，及时抓住。

佛说："今天的一天，比明天的两天还要好。愚痴的人、懒惰的人，碰到做工，都要拖延下去：中午可以做好的，要拖到晚上；今天可以做好的，要拖到明天，有的要拖延到后天。这样，他的工作，一定就会衰退，因为没有人喜欢这样的拖延。"

拖延不可救人，却可以害人，选择了拖延就等于选择了倒退，选择了平庸。

纸上得来终觉浅，绝知此事要躬行

人生在世，我们总会有所追求，为生活，为理想。追求并不是简简单单的空谈，更多的是需要你敢于实践，用实际行动来证明。

有人说："理论是基础，实践是建筑在理论这块奠基石上的艺术品。"也有人说："实践是人类生存的一副骨架，而理论只不过是骨架上的血肉。"就连《华严经·菩萨问明品》上也说："比如有人被大水漂流，因害怕淹溺不饮水而渴死，于佛法不亲自修行，就算懂得再多也是如此。又比如有人安排下美食，自己饿着肚子却不吃，于佛法不亲自修行，就算懂得再多也是如此。"

"大江东去，浪淘尽，千古风流人物。"历史上出现过多少石破天惊、千古流芳的诗人；出现过多少战功赫赫、名垂青史的军事家；出现过多少为民造福，硕果累累的科学巨匠，而他们之所以成功是因为他们尝试了许多的实践，付出了艰辛的努力。

哲学家问船夫:"你懂数学吗?"

"不懂。"船夫说。

"你的生命价值失去了三分之一。"哲学家说。

"你懂哲学吗?"

"更不懂。"

哲学家感慨道:"那你的生命价值就失去了一半!"

一个巨浪把船打翻,哲学家掉进河里。

船夫问:"你会游泳吗?"

"不会,不会!"

船夫说:"那你的生命价值就失去了全部!"

荀子说:"不闻不若见之,闻之不若见之,见之不若知之,知之不若行之,学至于行而止矣,行之,明也。"这句话的大意是:不听不如听之,听之不如亲眼所见,眼见不如认识懂得,认识不如亲手变革的行动。学习达到了会干、会做的程度,就到头了,会做、会干就意味着认识了、懂得了。这段话隐喻了知与行的关系,包含了荀子对实践概念的理解,具有合理的思想。

试想,如果没有李时珍跋山涉水、尝遍百草,没有他数十年如一日的搜集整理、笔耕不辍,哪会有药学巨著《本草纲目》的问世?如果没有司马迁的考察风俗,采集传说,没有他忍辱负重、发愤著书,哪里会有历史巨著《史记》的诞生?如果没有居里夫人夜以继日,潜心钻研,没有她含辛茹苦、反复试验,哪里会有化学新元素"镭"的发现呢?

赵括纸上谈兵的笑话,他空有一嘴用兵之道,临阵时却溃不成军;谁都知道一些灭火的基本常识,但临阵时又有几人拥有稳定的心理素质而临危不乱、处变不惊呢?可见,要把理论的价值充分发挥出来,实践是最重要的催化剂。

要真正懂得"粒粒皆辛苦"的道理,就要参加农业生产实践;要掌握游泳的本领,就要敢于"中流击水";要提出切实可行的改革方案,就必须反复进行实践。认识是在变革的实践中产生的。

纽可门发明了抽水式汽轮机;瓦特研究了纽氏的发明,但他没沿着他的这条路走下去,而是通过自己的实践创新发明了蒸汽机;狄塞尔研究了瓦氏的外燃机原理,也没有照着瓦特的思路研究下去,而是通过自己的实践发明了内燃柴油机。他们都是在借鉴前人的基础上,运用自己开阔的思维,在实践过程中不断拓展,为人类打开了一道道科学大门。

"纸上得来终觉浅,绝知此事要躬行"、"不入虎穴,焉得虎子"、"一分辛苦一分才"、"不经历风雨,哪能见彩虹"……都道出了实践的重要性。

真理位于一口水井的底部,要亲身去实践去追求,才能品尝到甘甜可口的滋味。

一个北方人生活在长白山下,吉林;另一个南方人生活在黄山附近,安徽。相距五千里,在一个偶然机会,他们相遇了。

南方人和北方人都穷困潦倒,也都仇视穷困潦倒。他们不得不外出谋生,一个向北,另一个向南,就在山海关车站的候车大厅中相遇,两人唠得挺投机。

都是穷困,都不想让对方知道自己穷。穷是被瞧不起的,于是一个对另一个说:"我们长白山,富裕得很呐,别说关东三宝,就是细辛五味子之类的药材,漫山遍野都是,足够养活那一方黎民百姓。"

另一个也不甘受贬:"我们黄山——五岳归来不看山,黄山归来不看岳——别说风景了,单是灵芝、黄山茶,只要盯上了,吃穿不尽。"

说者都无心,听者都有意。

南方人乘车去了北方。嗬,长白山果真名不虚传。单那细辛,在南方上哪找去!南方有什么好的!光秃秃的石粒子,崩星几株病松树。赚钱,得去当挑夫,步步上坎,压死了晒死了!看人家,这儿凉丝丝的多带劲!细辛这玩意儿抠着栽怎么样?抠!

北方人乘车去了南方。果然,黄山好。在长白山钻老林子,可受够那苦了。这儿不冷不热,风景宜人。再一看,果然有灵芝,有茶,心里一热:此时不捞钱,穷死没人怜!

一个在长白山突发奇想竟将细辛栽培成功了。大面积发展,大面积成功,不久便成为细辛栽培大户,一跺脚,方圆几十里颤颤巍巍,看神气的!

另一个在黄山种灵芝，效果十分好，真见了回头钱，又贩茶，更有赚头：贱价收入，高价销往北方，加上灵芝收入，几年间腰缠数万。

一个与另一个又遇见了，谁也绝口不谈自己现在在哪儿或干什么，让对方知道了简直得报答人家再生之恩！

客套寒暄，酒楼，舞厅，大把大把地甩钱，真潇洒真有男子汉的风度。

一个想：名不虚传，果真是黄山富庶，幸亏他透露给我信息。那一次见面，千金难买。

另一个想：眼见为实，到底不愧长白山宝地，若不是他告诉我真情，我不得在南方穷死？那一次见面，千载难逢。

两个人都恨相见太晚：所以家搬得不及时，终比不上对方富……

这是一篇阐发哲理的小说，通过北方人和南方人的相遇来揭示人生道理：实践出真知。

每个人都有无数的想法，但是令人遗憾的是，我们大部分人却很少甚至没有采取任何实际行动。头脑中的想法总是很美好的，有的甚至完美无缺，但是任凭想法再怎么完美，没有了行动的证明，也只是空想而已。我们行动了，结果不一定是我们想要的，但是不行动，结果一定不是我们想要的。

人，光有知识有想法还不够，只有真正的实施才能有价值。只有行动，才会有所收获，不要再守株待兔了。

说一丈，不如行一尺

"修行""悟道"关键在于一个"修"字和一个"悟"字，倘若整天只是嘴上念诵经书，而一点也不往脑袋里去，这样的"念诵"毫无意义。因此，《坛经》上才有"口念心不行，如幻如化，如露如电。口念心行，则心口相应"的论断。

《坛经》中所说的"心口相应"就是提醒我们，不能只是嘴上勤快而行动上迟钝、手跟不上嘴，这样也只能被认为"口不对心"、说大话罢了！

如果我们能够切实地将嘴上的诺言实现一半的话，远比我们再许下一千个、一万个更豪迈、更激昂的承诺有用得多，因为只有我们行动起来，生活才能朝着我们设想的方向迈进。

世间有许多人都有豪言壮志，然而仅仅将这些豪言壮志放在嘴上，那就成了人们常说的空想了。毫无疑问，空想会想出很多绝妙的主意，却办不成任何事情。世人皆知的是，行动不一定带来成功，但不行动则绝对不能成功。成功自然有一定的路要走，仅动嘴皮子、放空话，犹如一直站在起点上不迈步一般，是永远都不可能将路程缩短的。

在四川的南部住着两个和尚，其中一个穷，一个富。

有一天，穷和尚对富和尚说："我想到南海去看看。"

富和尚说：

"你凭借什么去呀，你这么穷？"

穷和尚说：

"我只要一个水瓶、一个饭钵就足够了。"

富和尚说：

"多年来我一直想租条船沿江而下，直至现在还没有做到呢？你还是放弃这个念头吧！"

第二年，穷和尚从南海回来了，把在南海的见闻告诉了富和尚，富和尚深感惭愧。

成功，始于心动，成于行动。每个人都拥有两种最基本的能力：思维能力和行动能力。没能达到自己的目标，往往不是因为我们的思维没有想到那儿，而是因为缺乏行动能力。拿破仑也曾说过："想得好是聪明，计划得好更聪明，做得好最聪明又最好。"

好的想法十分钱一打，真正无价的是能够实现这些想法的人。主意本身不会带来任何的成功，只有将主意付诸行动时，主意才会体现其价值和影响。

一位英国教父在他生命垂危之际，决定为自己的墓碑上留下一些文

字，但是他思前想后都无从下手。最后他还是从自己的心愿着手了。于是，他让人记录了这么一段话："我年轻时意气风发，当时曾梦想着改变世界。但当我年龄渐长阅历增加后，才渐渐发觉自己无力改变世界，于是缩小了范围决定先改变自己的国家，但目标似乎还是不可能实现。"

"步入中年后，无奈之余我试图改变我最亲密家人们的生活状况。但不遂人愿，他们还和以往一样地生活。"

"现在即将逝去，我终于悟出了一件事：我不缺乏改造世界、国家、家人的能力，仅仅缺乏的是付出行动的实践而已。"

说一千道一万，付出行动才会有可能达到你的预期目标，否则再好的想法也不会带来任何的影响与改变。因此我们不能将梦想仅停留在思维或者口头阶段，更要将它一步步付诸实践，唯有这样，我们才能向我们的理想、向成功迈进。

成就来自于专注

春秋时期，楚国有个大司马一生都很喜欢好剑，一位专为他造剑的工匠尽管八十多岁了，但打出的剑依然锋利无比，光芒照人。

"您老人家年事已高，剑仍旧造得这么好，是不是有什么窍门？"大司马赞叹老匠人高超的技艺。老工匠听了主人的夸奖，心中有些不自在，他告诉大司马说："我二十岁时就喜欢造剑，造了一辈子剑。除了剑，我对其他东西没有兴趣，不是剑就从不去细看，一晃就过了六十余年。"

大司马听了老工匠的自白，更是钦佩他的精神。虽然他没有谈造剑的窍门，但他揭示了一条通向成功的道理：他专注于造剑技艺，几十年如一日，专一的追求使他掌握了造剑工艺，进而达到一种高妙的境界。有了这样的精神，哪有造剑不是又锋利又光亮的道理！

世上无难事，只怕有心人。精湛的技艺，丰硕的收获，事业的成功，都是靠专心致志、终生追求而取得的。

佛说："要做的事，一定要认真专心地做，不要一面做这事，一面又去做别样事；不要做这事未完，又去做另一件事；亦不要今天做，明天不做。决定要做就认真地做，一直做到成功。"

有位钓鱼高手名叫詹何，他的钓鱼技术与众不同：钓鱼线是一根蚕丝绳，钓鱼钩是用细针弯曲而成，钓鱼竿则是楚地出产的一种细竹，钓饵是用剖成两半的小米粒做成，用不了多少时间，詹何便可从湍急的百丈深渊中钓到一大车的鱼！而他的钓具呢，钓鱼线没有断，钓鱼钩也没有直，甚至连钓鱼竿也没有弯！

楚王听说了他的高超钓技，十分称奇，便将他召进宫来，询问垂钓的诀窍。詹何答道："从前楚国有个射鸟能手，名叫蒲且子，他用拉力很小的弱弓，将系着细绳的箭矢顺着风势射出去，一箭就能射中两只正在高空翱翔的黄鹂鸟。这是由于他用心专一、用力均匀的结果。于是，我学着用他的这个办法来钓鱼，花了五年时间，终于完全精通了这门技术。每当我持竿钓鱼时，总是全身心地专注钓鱼，其他什么都不想，排除杂念。抛出钓鱼线、沉下钓鱼钩时，做到手上的用力不轻不重，丝毫不受外界环境的干扰。这样，鱼儿见到我鱼钩上的钓饵，便以为是水中的沉渣和泡沫，于是毫不犹豫地吞食下去。我就这样轻而易举地让鱼儿上钩了。"

这个故事告诉我们，无论做什么事情，都需要专心致志，心无旁骛。一心一意才能发挥人最大的潜力。

梓庆是一位木匠，他擅长砍削木头制造一种乐器，那时人们称这种乐器为镰。

他做的镰，看到的人都惊叹不已，认为是鬼斧神工。鲁国的君王闻听此事后，召见他便问道："你是用什么方法制成镰的？"梓庆回答说："我是个木匠，谈不上什么技法。我在做镰时，从来不分心，而且实行斋戒，洁身自好，摒除杂念。斋戒到第三天，不敢想到庆功、封官、俸禄；第五天，不把别人对自己的非议、褒贬放在心上；第七天，我已经进入了忘我的境界。此时，心中早已不存在晋见君主的奢望，给朝廷制镰，既不希求赏赐，也不惧怕惩罚。"

善心做人 凡心做事
——善心是对人生的奖赏
凡心是获得幸福的源泉
ShanXinZuoren
FanXinZuoshi

　　梓庆在把外界的干扰全部排除之后，进入山林中，观察树木的质地，精心选取自然形态合乎制鐻的材料，直至一个完整的鐻已经成竹在胸，这个时候才开始动手加工制作。"以上的方法就是用我的天性和木材的天性相结合，我的鐻制成后之所以能被人誉为鬼斧神工，大概就是这个缘故。"

　　是的，要想成就任何事情，都必须专一、忘我，摒除名利情的杂念及羁绊，在精神专注、做而不求的情况下，才能完善每项巧夺天工的艺术品，或把一件事情做成功。

　　春秋时期鲁国有个封疆官吏，出任长梧的地方官。一日，他碰到孔子的学生子牢。三句话不离本行，他与子牢探讨治理地方、管理长梧的方法。

　　古时封建官吏被百姓尊称为封人。封人和子牢谈得很投机。他讲到自己的治理经验，认为处理政务绝不能鲁莽从事，管理百姓更不可简单粗暴。

　　从治理之道又谈到种田之道。封人说自己曾种过庄稼。那时，耕地马马虎虎，无所用心，果实结出来稀稀拉拉；锄草粗心大意，锄断了苗根和枝叶，一年干下来，到了收获季节收成无几。

　　听了封人的讲叙后，子牢很关心地打听他以后的状况。封人吃一堑长一智，总结自己种田的教训，第二年便改变了粗枝大叶的态度。他告诉子牢，从此开始深耕细作，认真除草，细心护理庄稼，想不到当年获得好收成，一年下来丰衣足食。

　　有了种田失败和成功的经历，封人悟出一条道理，做任何事都贵在认真。现在他出任地方官，便守住这条做人的准则。子牢常常拿封人的事教育他人。一分耕耘，一分收获。种庄稼是这样，干其他任何事都是这样。只有认真负责，通过艰苦细致的劳动才能达到理想的效果。认真是做好任何事情的保证和前提。

　　我们可以怀抱美好的梦幻、伟大的理想，但饭要一口一口地吃，事要一步一步地做，要实现伟大的理想，首先就要脚踏实地、认认真真、专精致一地做好一件事。而不是处处挖井，三天打鱼，两天晒网。否则，就只能一无所获。

欲速则不达

有个旅行者因为时间紧，急着赶路，就一边吃东西一边行走，不小心脚下一滑，摔了个跟头，半天也没爬起来。佛祖路过看见了，就问他："你为什么非要边吃边走呢？"

旅行者说："因为我急着回家。"

"可你这么一摔跤，想赶早是不可能了，只会更晚。"佛祖对他说。

古语说"欲速则不达"。事情就是这样，好像有时在跟你作对，你越急于求成，结果就越发缓慢。有人就是妄图一口吃个胖子，想在有限的时间里，同时完成几件事。但毕竟条件有限，这么做恐怕不能如愿。

大学毕业后，聪明漂亮的谷雨决心在北京扎根并做出一番事业来。她的专业是服装设计，本来毕业时已和一家著名的服装企业签了工作意向的，但由于那家企业在外地，谷雨经过考虑没有去。如果去了，谷雨就会受到系统的专业培训和锻炼，并将一直沿着服装设计的路子走下去。可是一想到会几十年在一个不变的环境里工作，可能会永远没有出头之日，这点让谷雨彻底断绝了去那里的念头。她在北京找了几家做服装的公司，可大公司不愿意要没有经验的学生，小公司的条件又让谷雨看不上，无奈只有转行，到一家贸易公司做市场营销。

一段时间以后，由于业绩迟迟得不到提高，谷雨感到身心疲惫，对工作产生了厌倦。心气很高的她感到还是自己干更好，于是联系了几个同学一起做服装生意。本以为自己科班出身，做服装生意有优势，可是服装销售和服装设计毕竟不是一回事，不到半年，生意亏本不说，同学间也因为利益不均闹得不欢而散。

无奈，谷雨只好再找地方打工，挣了钱用于还债。由于对工作环境的不满意，谷雨又换过几个地方，几年下来，她感到几乎找不到自己前进的

善心做人 凡心做事
——善心是对人生的奖赏 凡心是获得幸福的源泉

方向了。专业知识忘得差不多了，由于没有实践经验，再想做已经很难。经历倒是很丰富，跨了几个行业，可是没有一段经历能称得上成功……现实的残酷使谷雨陷入很尴尬的境地，这是她当初无论如何都没有想到的。

像谷雨这样不满足于现状的人总是希望命运能青睐自己，给予自己更多的赏赐。他们怀有"分金恨不得玉、封公怨不授侯"的心理。往往对未知的事物存在很多幻想，对已经历环境的不足则盲目夸大，不想去适应环境，而是尽量选择逃避。他们一方面对适应环境缺乏足够的自信，另一方面却坚信自己能找到比现在的环境更优越的地方。这种以幻想为主导的思想指导下的行为，其结果就可想而知了。许多朋友在陷入这种心理状态后，经常会被美好的前景所诱惑，就像只看到对面山上青草绿地的小牛，而忽视了脚下的这片青草。有时候也经过一番思想斗争，但最终是以美好幻想的破灭而告终。

小钟是一家公司的总裁秘书，在这家公司已经效力了整整四年。四年里，总裁换了五个，而小钟却始终是历任总裁信任的秘书，这在任何公司都是不多见的。小钟并非相貌出众、个性张扬的人，但作风严谨，工作很少夹杂个人好恶，加上积极能干，熟悉公司业务，能给予总裁极大的工作帮助，因而成为每位总裁的得力助手。许多人认为这个整天默默工作的小女子肯定有别人不知道的职场"秘籍"，小钟却淡淡地说："在其位，谋其事，我只是去尽力做好一个秘书的工作罢了，没有任何秘密可言。"最后，小钟以一名资深优秀员工的身份就任公司人力资源部经理，走进了公司决策层，她的前途被公司高层一致看好。

不管是像谷雨这样的环境不断改变的职业生涯，还是像小钟这样的敢于在比较艰难的环境里一直向前走的职业生涯，虽然还难以预言她们最终的成败，但她们的经历对自己的前途造成的影响却是不可否认的。她们给了我们很多启示，让我们思考在自己职业生涯中应该保持什么样的心态、走什么样的路。她们的经历也给我们验证了一个必须遵守的处世之道：好高骛远的结果只会是离目标越来越远。

我们在人生的旅程中会看到许多山峰，但我们不可能得到所有美好的东西。上帝对每个人都是公平的，当你为没有得到而苦恼时，还是仔细想一下自己将会失去什么吧。就像一则寓言中所说的：一头牛总是想着山上的青草，不想吃脚下的草，结果却饿死了。要知道，脚下的土地未必不肥沃，现在张口就能够吃到的青草可能不会比对面山上的更多、更新鲜，但确是实实在在的收获。认识到这一点，你会在人生的道路上少许多遗憾。一个人要学会循序渐进，不要幻想一步登天。充满幻想有时候会成为一种动力，有时候也会成为一个陷阱。任何成功都需要积累，需要付出，甚至需要大量的、长时间的奋斗。

有心人，无难事

《佛遗教经》上说："若勤精进，则事无难者，是故汝等当勤精进。譬如小水常流，则能穿石。若行者之心，数数懈废，譬如钻火未热而息，虽欲得火，火难可得。"这句话简单的说就是世上无难事，只怕有心人！

"世上无难事，只怕有心人"，一点没错，从我们来到这个世界那一刻开始，就会遇到许许多多这样那样的困难。小时候还有大人帮忙解决，等长大了，步入社会时，突然发现有些困难别人已帮不了自己，要自己去面对解决的时候，该怎么办？退缩吗？不，我们应该勇敢地面对，在困难面前，要有解决它的信心、恒心，那样的话困难就会迎刃而解。

"世上无难事，只怕有心人"这句话听起来好像是某个时代的特定语言，对于很多新生代的人们会觉得口号性太强，因此也就产生了排斥心理。但是这的确是一个真理，在读过弗雷德的故事之后，你会更深切地感受到平凡与杰出的差别：无论在生活中还是在工作中你是否是一个有心人。有心人可以创造奇迹，无心人只能接受平凡。

仔细读读弗雷德的故事，你会发现弗雷德实在没有什么丰功伟绩，没有惊天动地的故事，他只不过就是充满热忱地，尽心尽责地努力做好自己的本分。而恰恰就是这份热忱和尽责是我们需要学习的。曾经有人说热忱是心中

的神，没有它你就好像熄火的汽车无法前进。事实也的确如此，只有对你所做的事情充满热忱，你才会有创新，才能做到杰出。而要拥有这样的热忱，首先就要调整好心态，书中有这样几句话，相信你一定会喜欢：

"要做好事，不是出于必需，而是因为它是好事。"

"人生幸福和成功的诀窍是关注自己能给予什么，而不是得到什么。"

"如果你做一件正确的事，并认为这行为本身就是足够的回报，那么不论是否赢得他人的承认，你都会获得满足感。"

"提供服务，不是一种责任，而是一个机会。"

这是作者在讲述不同的弗雷德故事之后得出的结论，从这些结论中你不难看出如何看待我们所从事的事业对于每一个人是多么重要，它决定了你是被动、机械地在完成任务，还是主动热情地投入你所从事的工作，从而也影响了人们的创造力。

只有用心你才会注意是否很久没有跟家人联系，可以采取什么样的方式给你所爱的人一个惊喜；只有你对你所要做的事情竭尽心力，你才会考虑到很多的细节，在感觉上给客户营造贴心和舒心的氛围，你才会根据客户的不同随时调整自己的服务方式和表达方式，最终让客户满意等等。这本书中还有一句话，那就是美国前任国务卿鲍威尔的一句话"永远尽自己最大的努力，因为，有眼睛在注视着你"，鲍威尔的成功也再次证明了从平凡到杰出最重要的一点：用心尽力去做事情。

"世上无难事，只怕有心人"，这句话对很多人来说并不陌生，也许有些人觉得已听到耳朵起茧了，也许有些人已把它淡忘了，但仍然有这么一些人，一直把它当作人生的座右铭，时刻放在心上，在生活中、工作中、学习中，不断激励自己要做个有心人……

世界上有很多成功人士，他们也不是生来就成功的，每个人在成功的路上都是披荆斩棘一路走过来的。

在日常生活中，我们也会碰到一些人一旦遇到困难就退缩，就害怕，心态也消极，这样的人只会和成功擦肩而过。生活中时时都会遇到些难事，当它来临时，我们首先心态要好，要做个有心人，积极面对，不言败、不放弃，那么再大的困难也就容易解决了。

第九章

聚敛善财
经商诚信为本

善恶一念,神魔一体。钱就是这么个东西。不义之财不贪不占,并不代表善良的人都跟钱有仇,相反,好人更有权利和资格去过物质充裕的好日子。只要心中有善念,通过合法经营,聚敛善财,那么,作为一个好人,你挣再多的钱也不为过。事实也证明,善良的人经商更能挣大钱,这也正好体现了老天对好人的偏爱。

讲求诚信，仁义经商

虽说现在是"天下熙熙，皆为利来；天下攘攘，皆为利往"的时代，但坚持把"义"与"利"统一起来放在首位的企业家仍然占了绝大多数。例如，方正集团负责人张兆东虽然说"企业挣不到钱一切都是瞎掰"，然而他在赚钱求利的商业动机中一直坚持义利并重，"利"要符合"义"的规范。在张兆东眼中，这个"义"不仅指商业经营中的正当手段，还包括一种诚信、善意、积极为对方着想的经商态度。中国历史上有许多"仁中取利，义中求财，义利双收"的成功商人。他们常常被誉为"仁义之商"的楷模。

一个成功的商人必是视信誉为生命、一言九鼎、一诺千金的人。胡雪岩也深知"诚信至利，欺诈招害"的道理，在经商中坚持做到：

以质取"信"。在胡庆余堂创办之初，胡雪岩就亲自立下了"戒欺"匾，上书："凡百货贸易均着不得欺字，药业关系性命，尤为万不可欺……采办务真，修制务精，不至欺予以欺世人。"悬挂店堂内侧，时时告诫员工。胡庆余堂制药所涉及的药材不下三千余种，全为在全国药材产区自设机构收购的药材上品，倘有假冒药材进店，概弃之。

以服务取"信"。一流的企业还应有一流的服务，对此胡雪岩也是十分较真的。他要求员工不但服务应热情、周到、诚实，还应精通业务。一次一湖州香客买了一盒"胡氏避瘟丹"，看后微露愠色，欲换之，不巧已售罄。胡雪岩再三致歉后即命三日后赶制出来，并给予免费在店膳宿。还有一在萧山县署当差的敖姓四川人，持五百两银子，走遍杭城钱庄，都说银质劣不予兑换，抱着最后一试的希望来到阜康钱庄，胡雪岩看后笑曰："这是上等纹银，有何可疑？"敖生返署后赞不绝口，这样一传十，十传百，声名洋溢，一时达官显贵都以存资阜康为荣，是年钱庄积资三千余万两银子。更为称奇的一件事是，一位即将上前线的驻浙绿营兵罗尚全，慕名登门存一万两银子，声称不要计息、不要收据，三年后来取，但不幸阵亡了。胡雪岩得知后，在毫无凭据的情况下，主动连本带息付予罗的家人一万五千两银子。

此外，胡雪岩还主张商人应当"重义不轻利"，讲究"仁义"是他的商业精神和人格魅力的核心，以此取得民心，诚服员工。他有一句名言谓之"一碗饭，大家吃，花花轿儿人抬人"，这就是商事中的互惠"双赢"原理。他常主动给药农贷款，面对洋商刁难蚕农压价收购蚕丝时，敢冒风险以较高价购入。在人家有急难时敢于挺身相助，尤其在成为巨富后，更热心于赈济扶危、兴办公益事业。在清军攻克杭城后，饿殍遍地，饥民满街，他不但收葬残骸上万具，还捐米万石，施粥施药。那些年，旱涝灾频发，他先后捐助直隶、汉口、江苏、陕西、山西、河南等地灾民钱、物以及药材，总折价达二十余万两白银，还在杭城兴义渡，开义塾，由此博得了一个"胡善人"的美名。

在中国这个"人际关系高度暧昧"的商业背景下，经商如果太精于世故往往会适得其反的，"过，犹不及也！"可是天下有些商人却不能悟透其中的玄机关节，只想用最经济、最便宜的方式获取最完美、最广泛的结果。因此，他们便挖空心思，不择手段，他们认为只有自己才会想到这样的好办法、好路道。可惜，他们却错了，谁也不是傻瓜，小花招小聪明小伎俩迟早都会大白于天下。到时，任何商人都会为自己的所谓聪明付出代价。明明有规则，有些人以为自己可以打"擦边球"，可以在守规矩与犯规矩之间求得大利益。可是等擦出火花、引火烧身的时候，他才知道"远离禁区，永不违规"的人才是天下最聪明的人。

守义者"而富且贵"

人生的意义如果在意金钱,没有了道义的支撑,金钱也就失去了它该有的价值。

有一位很想成为富翁的青年,到处旅行流浪,辛苦地寻找着成为富翁的方法。几年过去了,他不但没有变成富翁,反而成为衣衫破烂的流浪汉。

观世音菩萨被他的虔诚感动了,就教他说:"要成为富翁很简单,从此以后,你要珍惜遇到的每一件东西、每一个人,并且为你遇见的人着想,布施给他。这样,你很快就会成为富翁了。"

青年听后高兴得不得了,就手舞足蹈地走出庙门。一不小心竟踢到石头绊倒在地上。当他爬起来的时候,发现手里粘了一根稻草,便小心翼翼地拿着稻草向前走。突然,他听见小孩号啕大哭的声音,走上前去。当小孩看见青年手上拿着稻草,立刻好奇地停止了哭泣。青年人就把稻草送给小孩,孩子高兴得笑起来。小孩的母亲非常感激,送给他三个橘子。

他拿着橘子继续上路,不久,看见一个布商蹲在地上喘气。他走上前去问道:"你为什么蹲在这里,有什么我可以帮忙吗?"布商说:"我口渴得连一步都走不动了。""这些橘子就送给你解渴吧。"

他慷慨地把三个橘子全部送给布商。布商吃了橘子,精神立刻振作起来。为了答谢他,布商送给他一匹上好的绸缎。

青年拿着绸缎往前走,看到一匹马病倒在地上,骑马的人正在那里一愁莫展。他就征求马主人的同意,用那匹上好绸缎换那匹病马,马主人非常高兴地答应了。

他跑到小河边提了一桶水给那匹马喝,没想到才一会儿,马就好起来了。原来马是因为口渴才倒在路上。

青年骑着马继续前进，在经过一家大宅院的门前时，突然跑出来一个老人拦住他，向他请求："你这匹马，可不可以借给我呢？"

他立刻从马上跳下来，说："好，就借给你吧！"

那老人说："我是这大屋子的主人，现在我有紧急的事要出远门。等我回来还马时再重重地答谢你；如果我没有回来，这宅院和土地就送给你好了。你暂时住在这里，等我回来吧！"说完，就匆匆忙忙骑马走了。

青年在那座大庄园住了下来，等老人回来。没想到老人一去不回，他就成了庄园的主人，过着富裕的生活。这时他领悟到："呀！我找了许多年能够成为富翁的方法，原来这样简单！"

求取财富的道路不是靠无尽的索取，而应该是善意的施予，施予人方可得到他人的帮助，你的财富也才会逐渐积聚。倘若你只是一味地索取，最终只会断了财源。这就是佛法中所讲的因果报应。所以积聚财富的过程还应该是一个积聚人格的过程。

世界知名富家之一的李嘉诚因为秉承父亲遗训，立身处世，要求自己做到诚信、谦让、孝悌、宽恕。对钱财的观念，就如孔子所说，"不义而富且贵，于我如浮云"。

李嘉诚仗义助人，世所共知。只要能够对其他人有所帮助，使其他人得到快乐，他自己受损失也在所不惜。

1973年，世界发生了石油危机，当时物价指数骤升，通货膨胀剧烈。其时李嘉诚的塑胶公司已经不是他的主要生意。李嘉诚已经在20世纪60年代将地产业作为主要的投资方向。但因为他的公司仍然是塑胶行业中营业额最多的，所以他被推举为该行业公会的主席。而此时，长江实业的地产业务，其收益已经远远超越塑胶行业。1973年的石油危机，发生得很突然，百物腾贵，塑胶的进口原料价格暴涨近十倍。不少工厂没有买入足够的原料，但他们早已经接了其他客户的订单，如果没有原料生产，他们可能会被追索赔偿，最终导致清盘破产。此时塑胶原料的价格飞升得厉害，他们根本负担不起。即使买入原料生产，因为成本价涨了这么多，生产后

一样是血本无归。很多塑胶厂的业主进退两难，只有坐以待毙，不知如何是好。

李嘉诚作为行业公会的主席，联合所有塑胶生产商，组成统一阵线，一同买入塑胶原料，以打破其他大洋行的垄断。结果塑胶原料价格回落。不过，因为很多塑胶生产商当时在原料高价时不敢进货，现在时间紧迫，交货期限迫在眉睫，如果到期不能完成生产工序及付货给客户，他们一样会有问题。如何解决这个难题，渡过这个难关呢？仗义助人的李嘉诚当时是全香港最大的塑胶生产商，甚至在全世界，他的塑胶生意也是数一数二的。当时李嘉诚的塑胶厂有一批原料存货。这些原料存货对李嘉诚的大企业可能只是适量的、不致过多的存货而已，但对一些小规模的生产商来说，这些原料已经足够他们多年的生产。李嘉诚义不容辞地将他手中的原料以低于他买入的成本价一半的价格，出让给同业的厂家。各厂家因此解决了当时原料不足的问题。李嘉诚这样做，对自己毫无利益可言，买入的原料，只以一半成本价转让给其他同业，毫不计较个人的利益，只要其他同业能够生存，只要他们能够渡过难关，李嘉诚就感到快乐。这种真诚待人，不计较自己利益，以他人利益为先，以公义为先，即使追寻富贵，也先讲公义的精神，赢得了同业的敬重。像李嘉诚义助同业的例子，在以利为先的商业社会，并不容易找到。

李嘉诚先生的事例给人的启示就是，钱财并不是最重要的，最重要的是心之所安。而心之所安正是因为能够帮助其他人，使其他人快乐，使社会能够添一些温暖，使国家的经济能够因此得益，使民生能够因此进步，这是李嘉诚先生人生中最大的乐事。

"不义而富且贵，于我如浮云"，这是做人的一种胸襟。也是一种禅境的领悟。当一个人真正领悟之后并做到了视富贵如过眼云烟，积累财富却能摆脱财富的束缚，那么，他就能够成为人中的智者。

赚取钱财要问心

毫无疑问，做生意都是要有利润的。但有时经商的策略错了就会被人看作是在赚取不义之财。在这种情况下，商人要有一个清醒的认识，你究竟是需要眼前的利润，还是需要长久的信誉，放弃眼前的利润，乍一看好像是糊涂招，但从长远来看却是一步高棋。

据《清稗类钞》记载，清代乾隆年间，有一位以经营绸缎布帛而闻名京畿的王姓商人，人称"缎子王"。

缎子王生意兴隆，财源滚滚的奥秘在于他有一套商贾理念。他认为做生意"忠厚不蚀本，刻薄不赚钱"，要想生意兴旺，财源茂盛，不仅要靠灵活的经营方式，良好的服务态度，而且更应货真价实，市不二价，童叟无欺，以德经商，来赢得市场的信誉。那种昧着良心，掺假使巧，靠"卖狗皮膏药"坑害顾客的做法，虽然能获利一时，但决不会得财一世，最终会信誉扫地，身败名裂，人财两空。正因缎子王以诚处贾，以信经商，赢得了中外顾客的赞誉。

缎子王经商的仁义之举，居然为乾隆皇帝所闻。在乾隆年间，一些外国使臣常来访问中国。一天，乾隆皇帝征求日本、朝鲜诸国使臣在中国的观感，使臣们回答：来中国以后，不仅看到士大夫知书达理，就连一些市井商人也很讲信用，行仁义，布公道。并指明东华门外开绸缎铺的缎子王就是其中的一位。国外使臣崇尚中国绸缎华贵，但常不知那些迷人漂亮绸缎的价格，给钱往往高于卖价，缎子王却不多取分文，每次都将多余的银钱退回。有一次，使臣们到缎子王店铺买东西，忘了带银两，缎子王就爽快地赊之，又以酒饭热情待之，使得外国使臣们受宠若惊，深感中国不愧为礼义之邦。乾隆皇帝闻之欣喜，让人记住缎子王的名字。

后来，乾隆皇帝召见缎子王，问缎子王所为为何？缎子王答道：行仁义，布公道乃为人之本，经商处贾更应如此。利于顾客，能赢得顾客的赞许和信任，是商人的无价之宝；顾客的良好口碑，是商人的财源，利于商人，千金难买。乾隆皇帝听了缎子王的此番经商高见，大喜过望，随即给缎子王以表彰和重奖。

此后，缎子王名声大振，生意红火，先后在全国各地开分店近五十处，成为名贾巨商。尽管如此，缎子王仍坚持自己的商贾理念，不以店大欺客，仁义经商，诚信处贾，义利两全，名利双收。

商道酬信，奸猾只能获一时之利，很难获一世之功。但凡成功商贾，都是在观念上塑造了"童叟无欺，诚信为本"的经营形象。如果一个经营者有长期的理性和智慧，他必不会用恶劣、卑鄙之手段去获利；用恶劣的手段去做任何生意，最终都将会失去已获的利润。

诚实不欺是立业之本

有不少商人把诚实正直这些优秀品质和处世原则贬为不屑一提的东西，甚至认为诚实就是傻，诚实人就是傻子，混不开，不吃香，似乎只有"又厚又黑"才能成功。的确，很多人靠做假冒伪劣的东西挣了点黑心钱，他们在一时间也确实成功地蒙蔽了不少人。但假的终究是假的，没有哪个能经得起时间的考验。我们在生活中，靠欺骗手段可能会赢得别人一时的尊重与信任，但远不如诚实更有用。

世界知名的多米诺皮公司，他们在企业的经营活动中，总是始终如一地保证最多在三十分钟之内，将客户所订的货物送到任何指定地点。这是他们在众多的竞争对手中得以站住脚的关键所在。这家公司的供应部门在任何时候都能保证公司分布在各地的商店和代销点不会中断货物的供应。

如果这些分店和代销点因商品供应不及时而影响购货者的利益，那就是供应部门最大的失取。

有一次，长途汽车运输货物时出现故障，而车中所运的货物正是一家商店急需的生面团。公司总裁唐·弗尔塞克得知这一情况后，当即决定包一架飞机，把生面团及时送到那个将要中断供应的商店。

"几百公斤生面团，值得包一架飞机吗？"当时有人不理解，提出疑问，"送货物的价值还不及运费的十分之一呢。"

"你们感到奇怪吗？"弗尔塞克总裁回答说，"我们宁可赔偿高额的运输费，也不可中断供销店的供货，飞机为我们送去的不仅是几百公斤生面团，而是多米诺皮公司的信誉，是比我们的生命更重要的信誉。"当几百公斤面团抵达那个商店时，这家商店经理欣喜若狂地说："如果让顾客失望地空着手回去，那可真是我们商店的罪过，我们哪里还会有脸在这里做生意。"在他们看来，不能让顾客满意比什么事情都令人懊丧。

俗话说骗人一时，不能骗人一世。企业要想在商业竞争中获得长久的发展，只能靠信誉和真诚树立自己的企业形象，能得一分便得一分，不能靠搞欺诈和蒙骗赚钱，这样不但会使广大的社会公众受害，早晚也会使企业自身被消费者抛弃，最终在这个发展的潮流中被拉下马来。现代许多企业长盛不衰的奥秘都在于注重求信誉、讲诚信。

信誉是不变的承诺

据报载，一架由东京直飞伦敦的波音747客机有三百五十三个座位，二十名机组人员，飞行一趟需成本一千万元，然而在一次航班中，该机仅载一名女乘客。何故该航空公司如此不惜血本？原来这架大型客机由于技术故障需延迟二十个小时起飞，当时几乎所有的乘客都改变了计划，转乘

其他客机,只有山本莉子留了下来,英国航空公司按民航惯例,宁可损失巨额成本费用,为这一名乘客照常起飞,赢得信誉。

良好的经营信誉,是奠定事业成功的基础。企业经营,信誉为最。只有讲信誉、求质量,才有可能赢到大批顾客的信任,从而扩大企业的影响,求得进一步发展。

1917年4月6日,艾哈迈德·奥斯曼出生在埃及伊斯梅利亚城的一个贫苦家庭。他幼年丧父,受舅父影响,幼年时即想当一名建筑承包商。1940年,奥斯曼大学毕业,身无分文。却想实现多年来的梦想——当承包商。为了筹集资金学习承包业务,他先到他舅父那儿当帮手。他在工作中,注意积累工作经验,常常到施工现场了解提高功效、节省材料的方法。1942年,奥斯曼离开舅父,开始实现他的承包商之梦。

奥斯曼根据在其舅父承包行的工作经验,确立了"谋事以诚,平等相待,以信誉为重"的经营原则。他第一次承包的是设计一个小店的铺面,合同金只有三埃镑,但他煞费苦心,毫不马虎,设计出来的铺面使店主十分满意。正是靠"诚",他的承包公司在20世纪50年代初已获纯利五万四千元。

20世纪50年代后,海湾地区大量发现和开发石油,各王室相继加快国内建设步伐,精明的奥斯曼很快把眼光投向海湾地区,在沙特阿拉伯承包工程。他以低价投标、高质量、讲信誉的标准来完成承包合同,并注意吸收西方国家公司的先进经验。这样,奥斯曼公司的工程承包很令沙特王室满意,影响不断扩大。几年后,奥斯曼公司在科威特、约旦、苏丹、利比亚等阿拉伯国家建立了分公司,奥斯曼成为中东地区著名的大建筑承包商。

奥斯曼更是以"诚"、"信"的原则树立自己公司在国内的信誉。1960年,奥斯曼公司承包了世界上著名的阿斯旺高坝工程。气温高、设备陈旧、地质构造复杂给建筑带来了重重困难。为了按期完成任务、保证工程质量,奥斯曼组织大批工人和技术人员,严格培训。同时,他大胆引进西方先进的机械设备,代替陈旧的苏联设备。他还注意充分调动工人和技术人员的生产积极性。通过多方努力，奥斯曼公司完成了苏联人认为不可思议的阿斯旺高坝工程第一期高坝合龙工程，为高坝的最终建成立下了汗马功劳。阿斯旺高坝工程不仅反映了奥斯曼公司的信誉，而且反映了埃及人民的智慧。

奥斯曼公司正是凭借重信誉、讲质量，此后还参与了埃及许多大工程的单独承包，公司影响进一步扩大。到 1981 年，奥斯曼公司的资本已达四十亿元，奥斯曼本人成为驰名中东地区的大实业家，他终于实现了自己多年来的夙愿。

奥斯曼以"诚"、"信"为本，不论是在国内还是国外，始终坚持这一经营原则，因而成为亿万富翁。他的经营谋略，不能不说是一个经营妙方。

英国管理学家罗杰·福尔克说过："世界上最容易损害一个人威信的莫过于被人发现在进行欺骗。"在全世界的商界中，犹太商人重信守约是有口皆碑的。他们一旦签订了契约就一定执行，即使有再大的困难和风险也要自己承担。他们认为契约是神圣不可破坏的，所以在犹太商人中，根本就不会有"违反合约"这句话。因此，各国商人在同犹太商人做交易时，对对方的履约有着最大的信心，而对自己的履约也往往有着最严格的要求，哪怕他在其他方面有背信弃义的习惯。我国的一些老字号企业，如杭州的张小泉剪刀、天津的狗不理包子、贵州的茅台酒等何以能够长盛不衰？其关键就在于它们始终讲求信誉，货真价实。正因为如此，才能得到顾客长期的信赖，并为自己赢得了用价值无法衡量的美誉。

诚信，对个人、对公司企业都是至关重要的，有了这面标榜美德、标榜信誉的旗帜，就能在社会上立于不败之地！对于一个企业、一家公司而言，诚信更是它们的生存之本。

社会责任感比利润更重要

企业是社会的一分子，永远不可能离开社会环境而单独生存发展。对于个人来说，做个有钱的老板不是目的，只有心忧天下、有社会责任感的企业家才能为社会所接受和认同。对于企业来说，追求经济效益是企业发展的第一目的，但不是唯一目的。企业只要找到经济效益和社会效益的平衡点，并适当地回馈社会，就能得到社会的认同甚至支持。而这些支持，将进一步促进企业的良性发展。

中国台湾富商蔡万霖在事业稳定之后，热心于慈善，赞助方面不遗余力。他认为，自己的财富与事业都是来自广大的社会，自然应该"取之社会，用之社会"。但为善何必要人知，他默默地行善，却从不宣扬，即使社会舆论指责他财富增值的速度远大于热心公益的程度，他也从不辩解。他对自己的期许是"成为台湾第一等的慈善家"。

蔡万霖的一生充满了传奇，由一个沿街卖菜的小童，成长为如今台湾实力派的大企业家，而且，其财富已跻身于排名第五的世界十大富豪行列。正因为蔡万霖经历了漫长岁月的人生挑战，才体会到贫困、穷苦，对在坎坷崎岖的生命旅程中力争上游的人来说，奋斗不懈迈向成功是不易的。因而，在他的事业逐渐稳定而大展鸿图时，遂积极于从事赞助事业。

除蔡万霖外，早年追随乃兄的蔡万春也致力于事业的经营，蔡氏昆仲对于慈善事业及社会公益从不落人后。他们在台北市汀州街故居设立福安育幼院，收容社会上无依无靠的孤儿，将他们抚育成人，以纪念和报答父亲的辛劳。对于故乡竹南，他们也非常关爱，除了在当地捐建一座"万春图书馆"外，并为母校捐建了教室，另外还创办了国泰塑胶公司竹南工厂，增加了当地居民就业的机会。此外，为推进教育，他们成立了十信商工职业学校，为台湾造就了不少人才。蔡万霖在担任该校董事长时，致力于提高师资，扩充设备，使之成为全省最好的职业学校之一，为此获得颁奖表扬。为了更好地服务社会，他们还成立了国泰企业社会福利基金会，专事社会救济工作。数十年如一日，他们的成就不但使他们自己感到努力没有白费，而且也间接地惠及了社会大众。

国泰集团分家后，蔡万霖在其"取之社会，用之社会"的理念下，随着他的财富直线上升，更是热心于各项社会公益活动，对推进社会福利尽心尽力。如先后成立财团法人国泰人寿慈善基金会、财团法人国泰建设文化教育基金会及设立教育助学金，捐赠创办图书馆，为家境清寒的子弟提供学习机会，捐赠救护车及清洁车，在台湾全省巡回为贫苦民众提供免费医疗服务等。此外，他还十分热心台湾的文化体育事业。

1980年8月，霖园关系企业集团出资一千万元新台币成立国泰人寿慈善基金会，从事各项捐助或举办各种慈善公益事业。自成立以来已捐赠数亿元新台币，成效颇为显著，受到台湾岛内的普遍赞扬。

由于蔡万霖长期赞助公益，支持慈善事业，获得了一系列嘉奖或荣誉。例如，颁赠"益群奖章"以表彰其热心公益，赠"金信奖杯"嘉奖其对社会的经济贡献，为表彰他对社会的捐赠及贡献特颁奖状两帧表扬，为表彰他热心赞助"1981年身心残障国民自强活动"颁发感谢状，为表彰他多次捐赠救护车、清洁车特颁感谢状等。另外，1980年10月29日，美国纽约圣若望大学鉴于蔡万霖白手起家，在企业经营方面有卓越的成就，以及对中国台湾地区的经济发展和促进岛内福祉有重大贡献，特由该校校长卡希尔亲自颁赠名誉商学博士学位。这对自幼家境清寒、刻苦奋斗，终于成功的蔡万霖而言，是实至名归的荣誉。

长期疏财解囊、救济贫穷、赞助文化、发展体育、支持慈善活动，蔡万霖的目的旨在鼓励社会大众，大家要重视这片生养自己的土地，人在世界上离不开群体，无法独立生存，每一个人都要珍惜社会上各阶层存在的意义，不仅一个人好，要人人都好，社会才有进步。其长期赞助天主教兰阳舞蹈团即为一例，因为该团经常巡回世界各地表演，真正致力于发扬中

华民族传统文化，确实是很有意义的活动，所以他长期赞助该团。

据台湾报纸报道，数十年来，蔡万霖用于回馈社会的金额已达十几亿新台币。

自20世纪80年代后期，海内外报刊连续评选他为世界巨富、华人首富和台湾首富，蔡万霖对财富的看法却是：金钱为身外之物。因此，随着他财富累积的急剧增加，其回馈社会的金额也不断增加，只是蔡万霖都是默默所为，鲜为人知罢了。

一个企业不能只为利润，还应该承担起应负的社会责任。表面看，承担社会责任会影响企业利益，其实勇于承担社会责任反而会赢得更大的利益。一个企业要在市场经济大潮中站稳脚跟，不仅要有过硬的产品质量、良好的信誉和适宜的营销方式，还要有愿意为社会、为百姓付出的责任感。越来越多的企业家已经认识到：承担社会责任已经不是企业家单纯追求企业利润的外部效应，而是企业家必须正视甚至要求付出成本的企业行为。

一个成功的企业家，必须要讲良心，必须要具备基本的道德，否则他也办不了企业。这个时代的企业家应该有点使命感。一般来说，企业的责任包括股东利益、顾客价值、员工福利、债权人报偿、政府规定的纳税等义务、环境保护、社会福利和公益事业等。前五点是强制性的，是企业必须承担的责任，可以通过法律、经济和行政等手段强制执行。现实生活中我们谈论的社会责任往往指后两点，比如企业要不要为社会解决一些下岗职工的问题，要不要为灾民捐款捐物，要不要捐资建学等。事实上承担社会责任已经成为企业一种很重要的公共关系传播途径，可以在一定程度上改进企业与政府的关系，改善企业与社区的关系，并且有利于树立企业良好的公众形象，从而提高企业的股票价格等，使股东、顾客、员工等都可以从中受益。美国脑库咨询公司调查表明：消费者更乐于购买"绿色产品"和具有社会责任感的公司的产品，而那些无社会责任感的公司的产品往往是他们抵制的对象。

按照菲利普·科特勒的观点，整体顾客价值包括产品价值、服务价值、人员价值、形象价值等，在信息经济和体验经济的时代，消费者对商品价值的认知更带有主观性，对企业的形象价值有着更高的要求。

现在越来越多的企业，特别是国内的一些大企业，开始认识到社会责任对于企业的重要性，努力做一个优秀的"企业公民"。比如联想在北京悄悄地捐钱帮助弱势群体的子女上学，搜狐加强了网站在人文关怀和社会责任感上的定位，开始关注环保和艾滋病等社会问题。

在企业开始认识到必须要担负起社会责任的同时，对于如何承担社会责任，企业还需要注意。

乐于做善事也是一种生意经

假如有一天钱赚得够多了，你就会感觉到钱并非很重要。这句话显得很有哲理，一般人是没法体会的。但如果我们了解有钱人的生存背景以及文化渊源，我们就会有所理解。事实上，有钱人是最懂得赚钱的，同时，又是最懂得花钱的，在他们看来，金钱的用处各种各样，这其中也包括慈善用途，因此，他们在想做什么好事时，可以说做就做。

辩证地看，有钱人如此乐于做善事，事实上也是一种生意经。他们大量地捐资为所在地兴办公益事业，会赢得当地政府的好感，对他们开展各种经营十分有利。有些富商由于对所在国的公益事业有重大义举，获得了国王的封爵，如罗思柴尔德家族有人被英王授予勋爵爵位；有些犹太商人还获得当地政府给予优惠条件开发房地产、矿山、修建铁路等，赚钱的路子从而得到拓宽。

他们明白，企业与社会的关系，就好像鱼与水的关系。有的人经商办企业，只顾自己赚钱，挥霍享受。这种人往往由于胸怀欠宽，到头来不见得能把企业做大。而一些大企业家在事业取得一定成功之后，总忘不了回

馈社会，积极主动地去承担社会责任。

有钱人的这种以善为本的情怀是许多优秀商人所固有的。例如，中国台湾富翁王永庆在这方面也总是不遗余力，堪称典范。从某种意义上说，这也是他赖以取得成功的一种内在素质和基本功夫。

1984年，王永庆和弟弟王永合捐了一亿元给社会福利事业，创下私人捐款的最高纪录。

1986年，王永庆七十岁时，做了几件有益于社会的大事。

当年，中国台湾地区很多患者需要捐赠器官以挽救生命，可是台湾人有全尸的传统观念，不肯把器官舍弃，一定要带着完整的身体入土。他知道这个情况后，公开宣布，在五年内，所有在死亡后捐出器官遗爱人间的人，他将赠给五万元作为丧葬补助费，钱虽然不多，但是对提倡捐赠器官的风气起到正面的作用。

在非营利性事业方面，王永庆先后成立了明志工业、长庚纪念医院、生活素质研究中心等，都是以台塑模式来进行管理，因此成效卓著，成为同业中的佼佼者。

在回馈社会，兴办公益事业方面，长庚医院可谓是王永庆的一大手笔，深得台湾人民的赞誉。

长庚医院的设置，大大地提高了当时的医疗科技水平。

医院创院时由社会上招来寥寥几个医护人员参与开拓工作，其后每年接收实习医师，自行培养成住院医师，最后使其成为主治医师，至今其主治医师人数已达七百多人，构成了非常坚强有力的阵容。后来院方评估嘉云地区医疗资源严重不足，企业又有建厂计划，因而接受企业方面的请求，为了回报社会，王永庆决定前往设立医院，以满足当地的医疗服务需求。王永庆谈到，依据经验，在贫瘠的麦寮地区要提高医疗水准，并兼顾各方面的条件，必须设立一所具有一定规模的医学中心。除了提供当地的医疗服务外，从彰化以南到台南以北地区内的医疗机构也可以和长庚纪念医院相互配合支援，协同提升整个地区的医疗水准，充分发挥正面效果。

王永庆竭尽心力回报社会的行动，得到了大家的认同，在他的心目中,善举其实也是一种财富,只是这种财富是精神的财富,让人们的精神得到了一种快乐。同时,他的善举也带动了一大批事业有成的富商人士慷慨倾囊兴办公益事业。

一个人生活在世上,渺小如大海里的一滴水,但只要有对社会、对国家、对人类奉献的意识和行动,真心真意地付出,即使是一滴水,也能折射出太阳的光辉,成为最美丽的风景。而自己,也会在这奉献中体会到快乐与幸福。

达则兼济天下

再以华人富豪李嘉诚为例,他曾这样说过:"我的人生观就是,我所做的都是我认为对国家和民族有利的。"

他还说:"成功之后,利用多余资金做我内心想做的善事,心安理得,方寸间自有天地。我希望上天或者有高人可以给我指引,告诉我怎样做有助民族和人类兴旺的事,让我能够做得比过去更有意义。不论花多少钱,多少精力,我都在所不惜。当我年纪渐长时,我希望在以后的岁月中减轻业务上的工作量,但是不会不工作,尤其是对于做善事。我希望多些时间放在医疗及教育上,对自己国家对民族也有好处。我在过去二十多年也没有停过,在未来亦会做,甚至比过去做得更多。"

如果有人要问,李嘉诚事业的最大成功是什么?相信大多数人都会说,是1972年7月31日亲历艰辛缔造的长江实业(集团)有限公司。

再有人要问,李嘉诚一生事业中最精彩最得意的"杰作"是什么?应该说是从1979年9月25日起到1981年入主香港英资老牌财团"和黄"公司,从而形成了国际化多元化的庞大"经济王国"。

然而,令人绝对想不到的是,真正令李嘉诚高兴和钟情的却并非这两

件事。熟悉李先生的人都知道，他最为高兴最为满意的是独立捐资创建汕头大学，他常常耿耿于怀、念念不忘和钟情的则是汕头大学医学院附属第一医院，以及附属二院，还有汕大精神卫生中心的肿瘤医院。

"悬壶济世，治病医人"历来是道德至上者追求的目标之一。因此，从治病救人入手做善事，也是一件最容易打动世人的事情。李嘉诚真诚地说："我对教育和医疗的支持，将超越生命的极限。""做利国利民的事，乃人生第一大乐事。"

李嘉诚热心捐赠医疗事业，一是基于他对"体之健康，益于社会"的深刻认识，二是他痛感昔年父亲因为贫穷和医治不及时而过早辞世的切身之痛，早已在青年时期就立志当发达之日，一定要发展医疗事业造福社会的夙愿。

数十年的人生征途，使李嘉诚对发展文教医疗卫生事业终有所悟。他意识到，"中华民族要屹立于世界强国之林，国民体魄之健康至为重要"，"一个旅居海外的中国人，如果无国无家，再有钱也不顶用"，"中国要强盛起来，在国际上才会受到尊重，这是很重要的事情"。他看到，"人生的病痛对一个人来说，是很痛苦的事。如果科学昌明，又有了钱，患了病，就有办法治疗，健康可以恢复，生命可以挽回"，"一个人如果得了病，得不到好的治疗，有时甚至会丧失劳动力，会增加家庭的负担，增加社会的负担，自己痛苦社会也艰苦"。因此，李嘉诚在内心深处牢固地树立了"竭诚为祖国的文教卫生事业的发展贡献力量"的坚定信念。

《南方日报》、《光明日报》最早于1981年1月14日、1月16日发布了关于"李嘉诚先生捐赠港币500万元，帮助汕头医专附属医院引进医疗设备"的新闻。一时轰动全国，引为美谈佳话。

据悉，汕头医专及其附属医院依靠李嘉诚的赞助，引进了一百一十多项先进仪器设备，顿时大大地提高了医疗质量，扩大了诊治项目，使医护人员感到"有用武之地"，促进了积极性的发挥，医院也旧貌展新颜了！

继1980年在潮州捐巨资兴建潮州医院、潮安医院后，李嘉诚又投资一亿四千万港元集中力量办好一所汕头的医学院及附属医院。在教师座谈会上，他又一次反复地强调了这样的思想观点："希望汕头市全力支援汕大和医院、新建附属医院的工作！我们一定要齐心协力，把汕大、把医学院、把附属医院办好！"然后，李嘉诚又着重强调说："所有建筑物和赠品，都不要写我的名字，我个人是不求名的。"

李嘉诚支持祖国发展医疗卫生事业的另一项贡献，便是创建汕头大学精神卫生中心。建立这么一座精神卫生中心的主要目的，在于改革国内对精神病的治疗、预防及管理原则，探索出一条具有中国特色的精神卫生道路来。

1995年8月，中央电视台节目主持人宣布李嘉诚为香港首富。李嘉诚说："不，我跟你讲，所谓首富大家都明白，是一个错误。在香港比我有钱的人不少，我不可以讲他们的名字，然而香港人都明白。但是，富要看你的做法，是怎样富的？如果单以金钱来算，我在香港第六、第七名还排不上。我这样说是有事实根据的。依我认为，富有的人要看他是怎么做。照我现在的做法，我自己内心感到满足，这是肯定的。"

从这段话中可以看出，李嘉诚对首富这个桂冠并不在乎，他更看重的是自己能做一个高尚人，看重用钱来干什么？是为善，还是为恶？是为大家，还是为自己？他一再强调说："月是故乡明。我爱祖国，思念故乡。能为国家为乡里尽点心力，我是引为荣幸的。"

李嘉诚在资助家乡修建安居楼和医院之后，又资助家乡四百五十万元修建韩江大桥。李嘉诚先生与夫人庄月明和母亲李庄碧琴太夫人，还捐资一百一十一万余港元修建潮州市的开元镇国禅寺。此外，李嘉诚先生对潮州市佛教联会也有所捐赠。

李嘉诚先生还捐资帮助潮州办福利基金等。1987～1990年，他捐资八十万港元给潮州、潮安两所医院作"医疗福利基金"；1992年给潮州市卫生局捐赠二十五万港元作事业发展费用；1985年，他给潮州市庵埠华侨医院捐赠了十二万港元；1989年，捐赠十万港元给潮州市作为"教育奖励基金"；1990年，捐资一百五十万港元赞建潮州市体育馆。此外，1992年还捐款五十万港元赞助南澳县人民医院。

善心做人 凡心做事

善心是对人生的奖赏
凡心是获得幸福的源泉
ShanxinZuoren
FanxinZuoshi

李嘉诚先生对桑梓、对国家做了大量好事，但却一贯秉承"低格调"的做人准则，"只期默默耕耘，不拟作任何宣传"，也不愿出席剪彩仪式。在香港是这样，在汕头、广州是这样，在家乡也是这样。

李嘉诚先生充满深情地说："我目睹祖国之高速进步，在四个现代化政策之推动下，一切欣欣向荣，深感雀跃。支援国家建设，报效桑梓，此乃本人毕生奋斗之宗旨也。"李嘉诚又说："若有一天，我独自一个人到医院去，喜见病人接受良好的治疗，康复出院，我心已足矣！"

李嘉诚拥有中华民族优秀的传统美德和价值观。他认为"人生的最大价值在于无私的奉献"，"人的一生应该为国家，民族和人类做一些高尚有益的事情"，"为年轻一代创造一个更加美好的明天"，"一个人当他在生命的最后几分钟，想到曾为国家、民族、社会做过一些好事时也就心满意足了"。李嘉诚正是从这个基本的人生观、世界观、价值观出发，去实践自己人生信条的。李嘉诚对香港社会福利事业的种种贡献，显示了他具有高尚的人格力量和博大的爱心。

李嘉诚秉承着"达则兼济天下"的古训和家训，关心香港社会的教育文化、医疗卫生、社会慈善福利事业。他认为在香港有两种人最值得尊敬、关心和鼓励。一种是教师，他们在做"传道、授业、解惑"的工作。一般来说，教师的生活都比较辛勤和清淡。更由于李嘉诚的父亲做过教师，深知当老师的甘苦。所以，他特别尊敬老师，也特别重视和关心教育事业。

第二种人是警察，他也深知当警察的甘苦，因为他们是维护社会治安的。他们忠于职守，出生入死，辛勤工作，廉洁奉公。香港社会的繁荣发展与安定，有他们一份不可磨灭的功劳。他们也很值得尊敬、关心和爱护。

李嘉诚从1977年开始，先后给香港大学、香港中文大学、香港女学孙中山基金会、香港大学"学生交换计划"、香港中文大学的"三年硕士课题"、"夏鼎基爵士基金"、香港语言运动、法国国际学校、新华社香港分社教育基金以及明爱中心、圣士提中学、圣保罗男女学校、东华三院李嘉诚中学、香港外展训练学校、迦密中学、三育小学、劳工子弟学校、姬爵士奖学金以及警察子弟教育基金、警察教育福利基金等 21 个专项提供无私捐赠五千四百万港元。

李嘉诚对香港医疗事业的热心捐赠，也广为香港市民所称道。在 1984 年 6 月间开业的沙田威尔斯亲王医院——李嘉诚专科诊疗所，就是李嘉诚捐赠三千万港元兴建的。

1987 年，李嘉诚在香港还捐资五千万港元兴建了在跑马地等的三间老人院。

1988～1989 年李嘉诚还捐资一千二百万港元兴建儿童骨科医院，并对亚洲盲人基金、香港肾脏基金、东华三院都有可观的捐赠。这方面总额超过数亿港元。

李嘉诚对香港的社会福利和文化艺术事业也十分关注和热心，多有捐赠。

至于李嘉诚在香港不时扶危济困、抚恤孤寡的事例更是不计其数。从来他都是默默地做好事，从不张扬。

李嘉诚说过："我的钱来自社会，也应该用于社会。""我已不再需要更多的钱，我赚钱不只是为了自己，而是为了公司，为了股东，也为了替社会多做些公益事业。把多余的钱分给那些残疾及贫困的人。"

据悉，他还有一本"私账"，那是"扶危济困、抚恤孤寡、帮助亲朋"的"账本"。逢年过节或者一月一季，他的属下就会按名字、地址、数目寄去款项。李嘉诚对寄发对象、寄发时间、寄发数目有一个清晰的记忆。对这件事，他就像在履行"义务"那样认真地去做着。

从 1977 年以来，李嘉诚每年都以"匿名"方式，用一亿元港币，帮助香港和大陆发展医疗教育事业。

当然，也不要误解为"李嘉诚挥金似土"。他是精明细致的，很讲究"钱"如何用得有意义，有社会效益。他是绝不允许"奢侈"和"浪费"的。因此，众多的香港市民也夸奖李嘉诚"会用钱，会使钱"。

李嘉诚深知，在商品经济激烈竞争的现代社会里，"没钱是办不成事

的",但"金钱却也不是万能的","对有些地方、有些事,就是有了钱也并不能解决问题"。因此,他多次说过:"我生平最高兴的,就是我答应帮助人家去做的事,自己不仅是完成了,而且比他们要求的做得更好,当完成这些许诺时,那种兴奋的感觉,是难以形容的……"

"善心"就是财富之源

"机遇、财富,财富、机遇",人们不停地呼喊、召唤,可它们往往又与那些呼喊者擦肩而过。或许你还有点不相信吧:热诚与友善就是一笔财富。

陈玉书在外打工的那段日子,异常郁闷,加之一周的劳累,更显得疲惫了。

一个周末,他来到维多利亚公园放松放松,见一个妇人推着一辆童车在公园荡秋千的地方停下。

孩子很想去荡秋千,于是这位母亲将童车上的孩子抱起来放在秋千的坐板上,去推秋千的摇绳,大概因体弱无力,妇人推了好几次,秋千都荡不起来。陈玉书忙帮妇人加力把孩子推了一把,顿时秋千大幅度地荡起来,孩子被荡得高高的,呵呵地笑个不停,这位母亲顿时满脸笑容。两人一面合力荡着孩子,一面闲聊。

闲聊中,陈玉书了解到这位太太是印尼华裔,其夫在印尼驻香港领事馆工作……

大概是与那位印尼华裔相遇的下一个周末,陈玉书又遇见了另一位印尼华侨。这位印尼华侨无意中向陈玉书吐露出他最近有一批准备运往印尼的货物,因领事馆的商业签证问题遇到麻烦,迟迟不能起运,时间一天天地耽误。

陈玉书看到这个人一副苦相,他内心里的"善良"这一根深蒂固的观念又发挥威力了,脑子里突然灵光一闪,公园里认识的那位太太的丈夫不就在领事馆管这事吗?对,去找那位太太说说,看她的丈夫能否帮上忙?

于是,陈玉书从这个人手里接过文件,又让他去洗了照片,然后带上礼物,来到那位太太的家里。

这位太太见陈玉书上门求她帮忙,想起那天在公园荡秋千时他那副热心助人的镜头,太太没有犹豫,便将陈玉书引见给她的丈夫。太太的丈夫见陈玉书是太太引见的人,便热情地接待了陈玉书,并向陈玉书了解了那个人不能办商业签证的原因,第二天帮其补办了一些手续,很快就把商业签证办妥了。

当陈玉书将办好签证的喜讯告诉那个人的时候,那个人高兴得跳了起来,且情不自禁地问他:"我给你五万块钱谢礼,够不够!?"陈玉书做梦也没有想到一次小小的帮忙,能够得到这么大的回报,他激动地说道:"够了!够了!"

那是20世纪70年代初期,这五万元的酬金,可抵得上陈玉书当时年薪的一百倍。得到这笔重金,陈玉书人生的航向也改变了,开始涉足商海,后来成为世界享有盛名的景泰蓝大王。很多人都将他的成功归结为一个"善"字,他也说,善,也是一种正确的观念,就是财富之源。

善是人内心深处的一种本质,它并不需要你刻意地去为之奋斗,只要在别人有困难时,如陈玉书那样推一把并不是有什么所求与目的,是发自内心的友善。其实友善也是财富之源!